The Sun Kings:

The Unexpected Tragedy of Richard Carrington and the Tale of How Modern Astronomy Began

太陽風暴

史都華・克拉克 **Stuart Clark**／著
嚴麗娟／譯

推薦序

preface

為什麼？為什麼？記得小時候碰到一些事物都會問「為什麼？」，想知道原因，這是好奇心所引起，有了好奇心就會追根究底，一連串的故事情節因此發生，如果蘋果從樹上掉下來被視為理所當然，沒有驅動好奇心，萬有引力就不會被發現，「太陽風暴」一書，核心動力就是好奇心，為了探究原因，意外地揭開了太陽的神秘面紗。

近年「太陽風暴」成為媒體新詞彙，也漸被大眾接受，其實天文學中並未有「太陽風暴」一詞，其所論及的太陽風暴涵蓋範圍很廣，理論上是太陽的表面活動情形，如閃焰、太陽耀斑等的爆發，會釋放出大量能量、電子輻射和高能帶電等粒子其形成的高速粒子流稱為「太陽風」，一旦吹向地球，受波及影響較大的是通訊、人造衛星和在太空活動的人員及航具，但居住在地球表面的人們，雖有大氣層及磁場的保護，會不會受到威脅呢？本書以一隻電子看門狗——SOHO衛星揭開「太陽風暴」的序曲。

圓圓大大的太陽，發射出光和熱是地球上萬物的生命泉源，最早用眼睛看到太陽表面有黑點的記錄是在《漢書．五行志》中記載「日出黃，有黑氣大如錢，居日中央。」，後來伽利略發明天文望遠鏡，看清黑子的真面目後，掀起一股用大型天文望遠鏡觀察夜空的風潮，因此陸續有許多新發現，如太陽黑子的形狀變化、日珥、閃焰、紅外線和光譜，還有天王星、海王星等星體，作者史都華・克拉克用歷史故事的方式呈現，述說各種天文現象發現經過和發現者的秘辛，值得想一探究竟的人細細閱讀。

臺北天文館館長

邱國光

致謝 acknowledgments

感謝泰立克（Peter Tallack）對本書的信念，從頭到尾一直給予支持。

感謝奈麗許（Ingrid Gnerlich）從一看到計畫書，就「懂了」。

感謝愛妻妮可拉（Nicola Clark）和我分享寫作本書時的起起伏伏，在我碰到語言問題時也提供了非常重要的建議。

感謝辛格雷（Peter Hingley）無窮無盡的支持；他為本書增色不少。

感謝齊布娜（Mary Chibnall），不管我的參考資料有多麼含糊，她總能幫我找到必要的書目。

感謝林多普（Norman Lindop），他的論文收集了許多跟本書主角卡林頓有關的資料，激發我對卡林頓的生平產生興趣。

感謝齊爾（Norman Keer），卡林頓在瑞得希爾建造了天文台兼住家，他是最新的居住者之一，他花了幾十年的時間業餘偵查，對任何和卡林頓有關的事物都很有興趣，感謝他分享資料。

感謝金格瑞契（Owen Gingerich），他對本書熱切之至，本人銘感五內。

感謝索柏（David Sobel）對我的企劃充滿強烈的興趣。

感謝門儂（Latha Menon）在一開始付出的努力。

感謝西蒙絲（Sheila Simons）幫我調查卡林頓家族的生、死及婚姻紀錄。

感謝曾為本書內容提供技術和歷史資訊、讀過草稿和提供意見的人：布列克（Pål Brekke）、布魯契流斯（Lars Bruzelius）、克里夫（Ed Cliver）、夫列克（Bernhard Fleck）、金德（Anthony Kinder）、吉秦（Chris Kitchin）、庫爾斯特隆（Nick Kollerstrom）、拉克辛那（Gurbax Lakhina）、麥道斯（Jack Meadows）、帕森斯（Paul Parsons）、巴薩可夫（Jay Pasachoff）、席亞（Peggy Shea）、西斯科（George Siscoe）、斯彭斯（Harlan Spence）、宋恩（Willie Soon）、史瓦盧普（Amarendra (Bob) Swarup）、鶴谷（Bruce Tsurutani）、懷特豪斯（David Whitehouse）和威里斯（David Willis）。

我深深感謝曾經伸出援手的人，以及所有我讀過的論文的作者。從你們的文章中，那些已經作古的天文學家似乎又重新出現在我眼前，也造福了本書的讀者。本書的成就也要歸功給這些學者。

如果讀者對我的作品有興趣，可以從 http://press.princeton.edu/titles/8370.html找到我的個人網站連結。

圖片說明

illustrations

附註

目前並未找到卡林頓的肖像。他和其他九位科學家一起寫了一封信給艾瑞，要求這位皇室天文學家拍攝肖像。信中署名的十個人據說都到莫爾和波利班克的照相館拍了照片。卡林頓的肖像仍尋找中……

目次 contents

序曲——

狗的年齡【二〇〇三年】

據說狗活一年等於人類活七年。負責照顧太空中電子看門犬的人聽了更有感觸，為了進行科學研究，它每天都要對抗衰老。SOHO衛星（Solar and Heliospheric Observatory）是隻巨大的電子怪獸，距離地球兩百四十萬公里遠，所處的環境比其他太空船都來得惡劣。除了來自太陽的光線、熱氣和X光外，無法預期的太陽動力也會不斷甩出一波波粉碎的原子攻擊SOHO衛星。

這隻看門犬若為血肉之軀，太陽的猛攻早就讓它全身佈滿致命的癌細胞。在機器的世界中也一樣，由於比原子還小的微粒不斷轟炸，逐漸侵蝕太空船的電子器官，導致SOHO不斷退化。不到二〇〇三年，在SOHO發射將近八年後，有些攝影機和電子系統已經故障了。天線歪掉，太陽能發電的功效也只剩原來的五分之一。不過它依然繼續服役，持續監控太陽灼熱的表面，希望能收集到可以解決一百五十年來的謎題線索：為什麼太陽表面偶爾會出現範圍廣大的爆炸。更重要的是，萬一地球正好在爆炸的這一面，我們會受到什麼影響。

太陽是太陽系的核心，是一大團氣體，直徑是地球的一百多倍。表面溫度為攝氏六千度；核心遠超過攝氏一千萬度。太陽的重力引導地球和其他行星在軌道上運行；地球上的動植物從太陽的溫度得到維持生命所需的能量。太陽如同心臟一樣不斷脈動。雖然肉眼看不見，但從太陽射出圍繞所有星球的磁圈會慢慢累積強度，之後再減弱下來。太陽的年齡已經超過四十六億年，因此每脈動一次都要緩慢地花上大約十一年的時間。

所以，一個科學家的事業生涯中，可以期待看到太陽脈動四次。因此要了解太陽很難，就像要一個生物學只目擊某未知生物四次心跳，就推論出牠的生命周期。因此，太陽天文學要橫跨好多代。每一代的科學家透過觀察精益求精，留下成果給下一代。

沒有人知道什麼時候科學家才能累積足夠的證據，提供深入的解讀，也沒有人知道什麼時候科技才會發展成熟，提供最終的定論。新一代的天文學家懷抱著與前一代相同的抱負：能夠完全了解太陽。二〇〇三年，當太陽開始一連串激烈的活動時，負責SOHO衛星的科學家發現夢寐以求的機會就在眼前，但前提是他們的太空船要先存活下來。

那一年的十月和十一月間，太陽出現連續的爆炸攻擊，這就是所謂的太陽閃焰，也是太陽系中能量最強的活動。和太陽閃焰比起來，原子彈的威力亦不足為奇，就在萬聖節前後的十四天內，太陽表面爆發了大約十七次太陽閃焰。每次都造成強力「日震」，噴出來的輻射削弱了SOHO衛星的力量。幾次閃焰也引起大規模的爆發，每一次都把幾十億噸的帶電氣體噴到太空中，碰巧經過的物體無一倖免，比方說微小的SOHO衛星或整個地球，都會遭到重擊。

科學家們從旁觀察，心情既興奮又敬畏，也感到恐懼。在正常的情況下，沒有人知道SOHO衛星可以撐多久；在異常情況下更沒有人說得準。SOHO衛星的負責人坐在NASA（美國國家航空暨太空總署）位於巴爾的摩的哥達德太空飛行中心（GSFC）裡，除了看著太空船遭受有生以來最嚴重的攻擊，也沒有其他因應的方法。

幾個星期前，太陽沸騰的表面一點線索也沒有，無法預期會發生類似的活動。事實上，太陽表面安靜到科學家們甚至認為太陽已經進入定期出現的休眠期。接著，太陽就開始震動了。

ＳＯＨＯ衛星在十月初偵測到太陽核心發出的雜音，科學家們便開始尋找原因。在可見的表面上什麼都找不到，因此他們的結論是在太陽的另一邊有什麼東西發射出衝擊波。科學家們別無選擇，只能等太陽慢慢轉過來，才能看到那是什麼東西。

十月十八日，科學家們看到太陽東側有塊地方黑掉了。剛開始幾乎看不見，只是一小塊瑕疵。二十四小時後，瑕疵脹大成一塊難看的瘀痕，比地球大七倍。這是一個巨大的太陽黑子。太陽黑子常常出現，但通常沒有這麼大。當磁結從太陽內部爆發，導致周圍的氣體稍微冷卻，看起來比其他地方暗沉，就會形成太陽黑子。早在幾千年前，當薄薄的雲層或霧層蓋住太陽時，東方的天文學家就曾用肉眼觀察到太陽黑子。

天文學家現在知道閃焰通常在太陽黑子上方爆發，過了不久該處的太陽黑子就會裂開。十月十九日，萬聖節的第一次閃焰出現在飽脹的黑子上。在地球太陽照到的這一面，閃焰的輻射立刻讓無線電通訊中斷一個小時。但下方的太陽黑子並未縮減，反而繼續變大，太陽也繼續震動。這種情況令人百思不得其解。當科學家們第一次看到這個太陽黑子時覺得應該無關緊要，但太陽已經震動一段時間了。難道另一個完全成形的太陽黑子要出現了？

十月二十一日，科學家們經由ＳＯＨＯ衛星每十五分鐘更新的影像證實了疑慮。在太陽的一邊，科學家們看到大爆炸留下的痕跡，表示在東側的地平線上曾發生過爆炸。爆炸時有一團火熱的氣體愈脹愈大，最後散發到太空中。之後的影像顯示同一個地方又發生了一次爆炸，噴出沸騰的氣體。在另一邊肯定有一個巨大的太陽黑子。科學家們估計太陽繼續自轉幾天後，就可以看到它了。

同時，科學家們仍要觀察第一個大傢伙。十月二十二日，閃焰再度出現，這次的爆炸自行引發了太陽氣體噴出。噴出的氣體比行星還大，包含形形色色且多數帶電的可怕微粒，所有的微粒溫度都高達攝氏數百萬度，比廚房烤箱裡的空氣熱一萬倍。科學家們看著那團氣體持續脹大，逐漸散發到太空中，想到地球也有可能遭受波及。

閃焰的光線和X光只要八秒鐘就可以橫越我們和太陽之間的十五萬公里，每一次噴出的笨重微粒要十八到四十八小時才能到達地球。撞擊的時間逼近時，太空人佛勒（Michael Foale）和卡雷利（Alexander Kaleri）躲到聯合太空站防禦力最強的太空艙裡，避開致命的風暴。航空公司指示機長降低飛行高度，希望地球的大氣層能夠保護乘客和組員避開比平常更強烈的輻射。很多航線也改道，避開靠近兩極的路線，因為研究顯示太陽風暴出現時，南極和北極更容易暴露在高劑量的輻射中。

在風暴就要侵襲地球的大約半個小時之前，它先掃過SOHO衛星，上面的攝影機全部失靈，敏感的設備差點就因電荷累積而短路。SOHO衛星並未全毀，但有些衛星就沒有那麼幸運。日本航太局的「綠色二號」氣象衛星在風暴攻擊時信號全部消失，從此毫無音訊。其他的衛星暫時出現功能異常，或自行關閉，等待地面控制站發出重新啟動的信號。❶

---

❶ 通常，這是因為太陽風暴會讓太空船的導航裝置暫時失靈。太空船上的小攝影機叫做攝星儀，負責觀測星星，指引太空船的方向。如果關掉攝星儀，太空船就無法定向。為了防止朝著四面八方發射推進器及修正察覺到的平衡問題，太空船會進入休眠狀態，等危險過後收到來自地球的起床號，再恢復正常。

二〇〇三年萬聖節期間造成閃焰出現的兩個太陽黑子群。每一個大約是地球直徑的十倍大。（圖片來源：NSO/AURA/NSF/Bill Livingston）

在地球表面上，雖然天文觀察者注意到了空中閃耀的極光，但各地報導的相關問題並不多。太陽微粒撞擊到空氣中的分子，帶來極光這種天然的燈光秀。極光通常靠近地球兩極，強度可以當作測量太陽活動的量表。在二〇〇三年的萬聖節期間，捉摸不定的鮮豔極光在空中出現了很多次。

隨著太陽轉動，太陽黑子繼續噴出一陣又一陣的帶電物質。每噴出一次，就更有可能直接打到地球上。到了十月二十六日，太陽黑子已經成長到超過地球直徑的十倍大，成為十幾年來最大的一個黑子，而且不只一個。

第二個太陽黑子出現在太陽的東邊，比第一個更大。看到一個巨大的太陽黑子已經很不得了，看到兩個更令人恐懼。第二個黑子出現前也有預兆，由於結合了很多磁結，引起大量的閃焰，造成一些無線電設備失靈。第一個黑子也不甘示弱，跟著噴發出微粒。

接下來太陽仍不得安寧。每天都出現新的閃焰和爆發。地球是否會遭受侵襲已經不重要了，科學家們只想知道爆炸的威力有多強。

十月二十八日，科學家們最害怕的事情成真了。第一個太陽黑子正對著地球噴發強到極點的閃焰。釋放出的能量是原子彈的五百億倍，幾乎立刻導致全球各地的通訊故障。各國的海軍陸戰隊緊急呼叫系統斷訊四十分鐘、珠穆朗瑪峰上的探險隊音訊全無、在加州救助森林大火的人員因斷斷續續的無線電而工作不順。NASA的卡西尼號太空船負責探測帶著光環的土星，與太陽之間的距離是地球的十倍遠，也接收到了閃焰釋放出的無線電波。

此外，閃焰也造成大規模的爆炸，幾十億噸高達攝氏數百萬度的氣體噴發到太空中，直接打在SOHO衛星和地球上。求資料若渴的科學家們看到這種場面也嚇壞了。他們指揮SOHO衛星轉成耗電率低的「安全模式」，關閉容易受損的設備。面對這麼強力的爆發，如果要持續運轉，就像要在暴風雨中放風箏，可能要把風箏線換成鋼琴線才能抓得住。因此他們關閉了所有的攝影機，只求SOHO衛星能夠存活。

風暴到達地球時仍十分兇猛。太陽閃焰讓爆發出的物質向前疾衝，速度高達每秒兩千三百公里。因此，帶電氣體衝過SOHO衛星後，只花了十二分鐘就撞到地球。

繞著地球運行的衛星再度發生故障。航空公司急忙改變飛行路線，指示所有飛機不得超過北緯五十七度，也就是從蘇格蘭北部經過哈得遜灣到阿拉斯加最南邊，再經過俄羅斯的路線。飛航管制人員頒布這些限制後，各地的班機都延誤了。由於飛行高度不得超過兩萬五千英呎，通過濃度較高的大氣層時需要比較多的燃料，因此而增加的支出高達數百萬美元。

當爆發出來的微粒砸開地球天然的磁層後，北方的電源線電壓突然不規則地增強，最後導致發電廠毀壞，在瑞典約有五萬人無電可用。美國紐澤西州有兩座核電廠的電壓調低了，就怕暴增的電壓造成損害。來自太陽的帶電氣體攻擊地球時，磁力指南針的指針也來回猛烈搖晃。

風暴減弱後，太陽黑子又對著地球發射另一波火力相若的攻擊。的確，就在十月結束而十一月來臨時，閃焰和爆發反覆地在地球上造成混亂。這段期間，無線電通訊變得很不可靠、衛星電視接收到的畫面變成一格一格、某些國家的手機系統失效、GPS（全球定位系統）讀數錯誤。這些現象像極了科技驚悚片中的刺激情節，消息傳遍哥達德太空飛行中心，非相關的工作人員也會每天到SOHO衛星的辦公室探聽進度，查看太空船的情況和地球遭受的可怕襲擊。

終於，當第一個太陽黑子從太陽西邊消失，只看到第二個太陽黑子時，混亂的現象也逐漸平靜下來。大約同時，在飽經戰火摧殘的巴格達，有一位攝影師哈里曼拍下了夕陽，他正以當地綿延八個月的戰爭為題材拍攝紀錄片。影片裡滿目瘡痍的城市籠罩在煙霧中，背景則是即將西下的太陽。播放影帶時，他才看到太陽表面有東西，但拍攝時他根本沒注意到。就是第二個龐大的太陽黑子，在太陽表面上可以清楚看到。SOHO衛星也繼續監控這個太陽黑子，直到它轉回太陽的另一面。不過後來還有更令人驚奇的事情呢。

十一月四日，太空船又觀測到第二個太陽黑子上方爆發了太陽閃焰，將一大片物質射到太空中。太空船上的X光監測器讀數衝高，最後超過負荷。雖然無法立即計算爆發的威力，但等待結果的科學家們確認了一件事：這是這次循環中最強的太陽閃焰，或許也是有史以來最強的。他們開始研究儀器飽和前收集到的數據，但數字似乎太荒廖了。再三檢查後，科學家們不得不承認，和上一次導致大混亂的閃焰比起來，這次的強度至少是前一次的兩倍。

天文學家們追蹤爆發的蹤跡，屏息等待結果。如果地球再度受到攻擊，衛星、發電廠和其他科技產物將遭到無法形容的損壞。高緯度航線上的班機內的輻射量也會破表。

還好，這次爆發發生在太陽的地平線上，爆發的物質飛向遙遠的太空中，並未朝著地球前進。地球只稍微受到波及，損害不算嚴重。

這次的好運氣並不能自滿。沒有聰明的預防措施，沒有英雄拯救人類，只是幸運逃過一劫。接下來的幾個星期及幾個月內，很多人都推測，萬一如此強大的太陽風暴對著地球直撲而來，會有什麼樣的結果。

答案就在一百五十年前的歷史紀錄中……

第1章

燕子來了，夏天的腳步不遠了？

【一八五九年】

登上君王之船；忽爾躍登船頭，
剎那間又在船腰，在甲板，無所不在，
我搧起了驚慌；有時我分身四縱
各處跟著起火；在中桅上
在帆桁和斜桅上，火頭四散
最後會合在一起。

——《暴風雨》，莎士比亞

「南十字星號」這艘三桅帆船的設計可說是中規中矩，但一八五一年，當南十字星號從布理格斯公司位於波士頓的造船廠滑入大西洋冰冷的海水時，卻給人輕巧優雅的感覺。為了追求速度，新型的帆船從錨位延展出去的線條更長更明顯。然而，南十字星號卻沒跟隨流行：船身全長五十二公尺，線條比標準造型更加圓潤。船頭則有一隻展翅高飛的鍍金老鷹負責領路。

南十字星號固定來回於波士頓和淘金潮正旺的加州之間，這艘船的名字來自南方天空深處的美麗星宿。從波士頓看不到這些星星，但船上的人都期待當船駛過南美洲的頂點時，他們可以看到空中的星體。

《波士頓日報》的一位記者對這艘船的品質很有信心。舉行下水典禮後，他在五月五日的報紙上寫了一篇報導，裡面說「無庸置疑，這艘船的速度飛快，甚至在波濤洶湧的海洋裡也絕對挺得住」。八年後，一八五九年九月二日，南十字星號必須接受嚴酷的考驗。從波士頓入海已經八十四天了，正朝著舊金山前進，船長柏金斯豪卻和全體船員一起駛入人間煉獄。

時間是凌晨一點半，船隻已經開到智利外海的太平洋上，努力抵抗肆虐了一整晚的猛烈強風。天空落下冰雹，海浪從四面八方打在甲板上。浪花四濺的海水轉到背風處，船員才注意到四周是一片血海。不管往哪裡看，顛簸起伏的海景都是最深沉的紅色。船員望向天空才找出原因。雖然有雲層覆蓋，但原因顯而易見：整個天空都籠罩在血紅色的光線中。

船員立刻認出光線就是來自南極的極光，這是一種難以解釋的現象，在靠近南極圈的地方，天空常會出現神秘怪異的光線，北極也有同樣的現象。氣候屬於溫帶的太平洋海域已經離南極很遠了，在此地看到南極光實在不尋常，一下子看到這麼多極光更加特別。雖然景色難得一見，但要在搖晃的海面上控制船隻，船員實在沒有機會好好欣賞。

狂風巨浪的咆哮聲愈來愈強，船上的人注意到其他怪異的光線，比極光更靠近船隻。這些光線幾乎就要碰到船身了，桅頂和桁端都籠罩上淡淡的光圈。行船的人也看過這些跟極光一樣無法解釋的幻影。水手稱之為「聖艾摩之火」。通常是藍白色的閃光，伴隨著碰到強烈暴風雨的船隻，不過今晚聖艾摩之火的黯淡光線也沾染上空中極光的薔薇色彩。

「聖艾摩之火」的名字來自守護水手的聖人伊拉斯莫斯，他在殉道時被一個燒紅的鐵勾刺破身體。雖然水手看到的電流火花通常顏色不一樣，但在暴風雨中看到聖艾摩之火就表示他們的船隻得到伊拉斯莫斯的保護。莎士比亞的《暴風雨》讓更多人了解這種現象，劇中的精靈艾瑞爾就負責點火，並在場景中描述自己誇張的動作。

黑夜離去，黎明降臨，水手們非常渴望得到超自然力量的安撫。暴風雨稍歇時，眼前出現的景象更令人詫異。海平線上隱約出現了火焰般的光芒，彷彿一場可怕的大火吞噬了地球。偶爾也出現強烈的閃電朝著天頂快速上竄，然後在沉靜的光輝中爆發，彷彿人類獨有的靈魂想要逃離籠罩地球的變動。

黎明時分，暴風雨終於減弱了，隨之而來的陽光驅走了極光。十月二十二日抵達舊金山時，船長柏金斯豪和船員們發誓他們之前從沒看過像九月二日這麼壯麗的極光。他們發現自己不是唯一的目擊者。世界各地的人都看得如癡如醉，而且不像南十字星號被困在暴風中，他們看到無聲的極光佈滿天際，引發的敬畏和恐慌不相上下。這次的規模前所未有，歷史上的記載皆無出其右。地球上出現了很奇特的現象，但要怎麼解釋呢？

答案就在地球的另一端，在維多利亞女皇統治的英國境內，有一位富有的紳士絞盡腦汁想要解開自己的科學難題。他熱愛天文學遠勝一切，而他恰好在對的時候走到對的地方，看到史無前例的景象。因此，他渴望能找出其中的原理。

三十三歲的卡林頓（Richard Carrington）雖然年輕，但在天文學界已經小有成就。他在劍橋大學三一學院接受一流的教育，編纂了一本廣受好評的星圖，滿足了很多人的需求，他也在英國皇家天文學會擔任不支薪的代表，工作永不言倦。他只需要一點運氣，好讓他能發現獨特的科學現象。即使到了現代，意外的發現仍能讓知名的科學家一躍成為大師。一八五九年九月一日星期四早上，就在南十字星號的船員看到極光的前一天，幸運之神終於把大獎奉送給卡林頓。

卡林頓的家在英國薩里郡的瑞得希爾，這天早上他在自家設備完善的私人天文台裡進行觀測。一大早萬里無雲，他匆匆進入天文台，轉開活動遮板，準備用兩公尺長的漂亮黃銅望遠鏡觀察天空。自從一八五三年他決心開始長期觀測太陽和太陽表面短暫出現的黑子後，他每天都進行同樣的工作。

固定好膠板後，他調校望遠鏡，好讓太陽的影像投射到稻草色的隔板上。然後，透過訂製的孔撥弄望遠鏡的頂端，他把一塊比較大的板子固定在望遠鏡周圍。這會在板子上投下陰影，太陽二十八公分寬的影像就會更清楚。兩根壓成薄片的金屬線穿在望遠鏡的接目鏡內，在影像上投下兩條對角線。使用對角線當作方位指標，卡林頓開始描繪太陽的整個表面，他的繪圖技巧令人稱羨，精密地描繪太陽的表面，留下雋永的參考資料。

幾年前卡林頓的父親突然去世，他不得不繼承家傳的釀酒事業，他非常討厭經營酒廠，所以他很喜歡躲在天文台內工作，讓自己休息一下。他曾經自掏腰包支持天文學的工作，而現在天文學對他卻比較像一種心靈療程，用來對抗從商之後愈來愈深的挫折感。

就太陽天文學而言，這一天非常值得紀念，因為太陽表面上出現了一團巨大的黑子群。大家都不知道這些斑點是什麼。有些人認為太陽上的火雲裂開了，露出真正的太陽表面。有些人則相信太陽大氣層變動，露出高山的頂峰。卡林頓觀測到的黑子則大得超乎想像。兩端之間的距離幾乎是地球直徑的十倍。但在大火球上的長度還不到太陽直徑的十分之一。

十一點十八分，卡林頓畫完圖了，便聆聽精密時計發出的滴答聲，記錄每一個太陽黑子溜到對角線下的確切時間。之後他會針對記錄下來的時間進行精確的計算，算出太陽黑子的確切位置。

在毫無預警的情況下，兩團白灼光芒出現在一大群太陽黑子中間，光芒像閃電般明亮，但外型卻不像閃電般鋸齒狀，也不像閃電瞬間即逝，停留了好一陣子。卡林頓當下嚇一大跳，他以為有一道太陽光穿過了貼在望遠鏡上的隔板。於是他伸手搖了幾下望遠鏡，希望能讓誤入歧途的太陽光快速射過影像。但光芒卻頑強地留在太陽黑子群中。不管是什麼，這從太陽上射出來的光芒絕對不是走偏了。卡林頓看得目瞪口呆，那兩團光芒愈來愈強烈，最後變成腎臟的形狀。

根據卡林頓的筆記，他「因為驚訝而相當慌張」，「在毫無準備的狀況下目擊」這個現象。然而，身為訓練有素的科學家，他立刻急忙記下時間。然後，他想到從未有人公開描述太陽會有這種現象，他需要找其他人來見證。

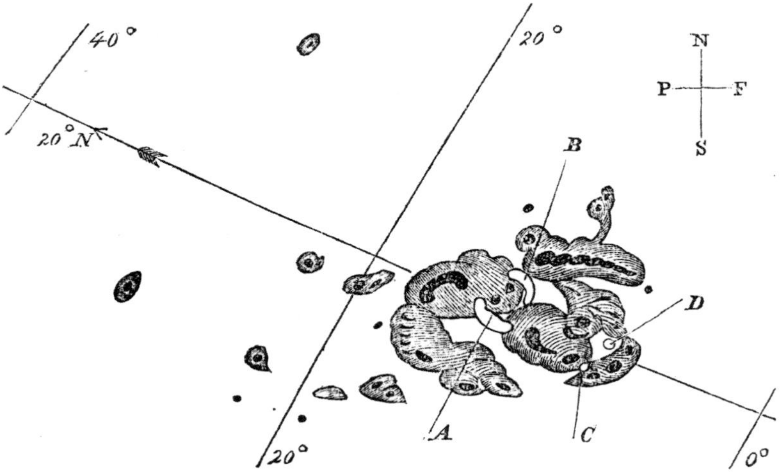

卡林頓畫下一八五九年九月一日太陽閃焰出現在太陽黑子群上方的樣子。A和B表示那兩團腎臟形狀的光芒出現的位置。C和D表示光芒消失的位置。（圖片來源：英國皇家天文學會）

不到一分鐘他就回來了，當看到太陽黑子散發出來的怪異光芒大幅減弱時，他的興奮一下子轉為屈辱。不過，他仍然看到那兩團光芒在巨大的太陽黑子上一邊漂浮一邊縮成小點，然後光芒突然消失。

卡林頓記下消失的時間：十一點二十三分格林威治標準時間，然後他畫下光芒出現和消失的位置。由於看到的景象實在太讓人吃驚了，所以他在望遠鏡前定定坐了一個多小時，連動都不敢動，只怕神秘的閃焰再度出現。

他白緊張一場；太陽立刻恢復正常。事實上，剛才的怪異現象沒留下一點痕跡。黑子四周的太陽表面和黑子本身的各個部分都跟幻影出現前一模一樣。

之後，卡林頓開始進行數學計算。光芒持續了不過五分鐘，但在這短短的時間裡，就已經越過五萬六千多公里（幾乎是地球直徑的四點五倍）。這表示干擾的速度必須高達每小時六十七萬六千公里。如此驚人的速度可能連卡林頓都不敢相信，因為維多利亞時代的人習慣的是以時速八十公里前進的蒸氣火車。但驚人的數字不只以上兩個。從他畫的圖上閃焰的範圍來判斷，原本的火球應該一個就有地球這麼大。

卡林頓當然明白要讓同儕相信這麼重大的觀測發現，他一定要有精確的確證。但遺留的記述並未清楚說明卡林頓是否成功找了家裡其他人來作證（他只說他去找見證人，一分鐘之內就回來了）。但很顯然地，就算他真的找了一個不容懷疑的人來幫他擔保，他也需要完全獨立的科學證據來證明他所看見的怪異現象。於是他馬上就想到應該去寇烏（Kew）天文台一趟，他的好友兼皇家天文學會的同事德拉魯（Warren de la Rue）正在進行實驗性的計畫，只要天氣晴朗，他就會拍下太陽的照片。卡林頓必須馬上前往寇烏天文台。

那天晚上，離卡林頓的觀測已經過了十八小時，在歐洲，黑夜過去、黎明將至，地球的大氣充滿了極光。極光出現的方式有很多種，現在科學家已經幫每種形式的極光都取好了名字。按照亮度和覆蓋的天空面積來看，極光剛出現時通常只是浮在地平線上的微弱光輝。也有可能出現明亮的塊狀（有時候科學家稱之為片狀）；看起來就像在天空中發亮的雲朵。接下來則是弧狀，就像發亮的提籃手把在空中延展。射線則表示極光活動增強了，而射線通常衍生自弧狀極光，像鋸齒狀的柵欄向上射出。毫無疑問地，當整片天空環繞在來自天堂的火焰中，就是極光最盛的時候。然後，來自四面八方的光線集中在一點形成冕狀結構。這就是異常活動的特徵，通常在極圈外看不到。

極光有不同的顏色。偏紅的粉紅色和黃綠色是因為氧分子反應的關係。通常紅色的色澤來自高海拔區域的交互作用，海拔較低的地區則容易出現綠色。紫色和藍紫色有時候被歸類為藍色，則來自大氣中的氮原子。❶

一八五九年九月二日，極光厚厚覆蓋地球時，在快速帆船南十字星號上的人最早看到極光，但他們不是唯一的目擊者。來自智利本地的說法證實了水手口中的奇談。在委內瑞拉的康塞普西翁（南緯三十六度四十六分，比智利更接近赤道約一千六百公里），凌晨也出現了極光。有人說看起來就像「著了火的雲，或很大一團鬼火」，從東飄向西。鬼火（拉丁文是ignis fatuus）也就是燐火，是類似聖艾摩之火的大氣現象，表示空氣中有電力。事實上，這種光就是螢光，跟日光燈的光一樣。在智利首都聖地牙哥（南緯三十三度二十八分），明亮的藍色、紅色和黃色極光在城市上空照耀了三個小時。

當南極光往北爬到位於南緯二十三點五度的南回歸線時，北極光則向南蔓延。在美國麻州的紐伯里波特（北緯四十二度四十八分），「紅綠交替的光帶形成完美的圓頂」。散發出的光芒「亮極了，彷彿就在白晝，一般字體都能看得一清二楚」。不只一個地方的人說極光的亮度

❶ 在下面描述極光的文字中，我忠實引用各地目擊者所說的顏色。一般來說，應該可以簡單分成紅色、綠色和藍色三種。

強到可以看報。在加拿大的盧嫩堡，麻省理工學院的創辦人羅吉斯（William B. Rogers）教授所提供的描述就跟教科書一樣，生動的程度不會輸給滿天的北極光。

九月二日，天氣晴朗，日落後地平線上出現了很特別的綠色和紫色光芒（光芒表示極光就要出現），而且不只在北邊。在天空的東北邊，離地面三十度的天空黑濛濛的，似乎抓住了更遠處射過來的光線。（這片黑色應該只是烏雲。）

晚間七點三十分，北邊的地平線上出現了形狀不規則的朦朧空間。到了七點五十分，在東西兩角更往北的地平線上，一道模糊的白色弧線冒了出來，弧線的最高點離北極星還有一段距離。弧線繼續上升，到了八點鐘，頂點只差幾度就到北極了。（顯而易見，這就是現在的弧狀極光。）

九點二十分，弧狀極光下出現了另一道不甚明亮的光。弧狀極光轉化成排列整齊的白色光帶，彼此之間的陰影同寬。（塊狀或片狀極光出現了，弧狀極光變幻成光線。）

九點三十分，光線變寬，愈來愈亮，那一道不甚明亮的光往上擴散，融入弧狀的外緣，而弧狀極光已經快延伸到北極星的位置。此時，弧狀極光開始不斷放射出光波，一道接著一道朝著天頂前進。過了幾秒鐘，波浪漸息，變成看起來不連續的脈動，向上陸續通過天空的北邊、東邊和西邊，南邊雖然也看得見，但比較不明顯。這場漂亮的表演不管從哪個方向看，都可以看到動線往某個點集中，這個點離天頂還有一段距離。（形成了冕狀極光。）

極光最盛的時候，除了南邊地平線附近外，不論天空的哪個部分，都會看到白色、綠色和淺玫瑰色的光芒接連不斷，看起來都向上發散。

十點三十分，脈動又擴展到北邊的天空及南邊的一小塊。無數的白色、黃色和紫色光線彼此追逐著從每一方位往磁極前進，一道深紅色的光芒從西邊冒出，所佔面積愈來愈廣，也愈來愈高。

極光按照連續某種相同的順序而出現不同的相。一開始的時候，北邊地平線上那塊黑色的地方變成規則的拱形，往上升的時候，被上方的弧狀包住了，內部同時放射出好幾條更明亮的同心弧。光帶再從弧狀極光的各個部位向前射出，強度增加後，上方的弧狀極光就變弱了，彷彿製造出光線後被耗盡了。現在下方的弧狀極光補上原本的位置，經過類似的消耗過程後也失去蹤影。最後，更強的光線射出來，弧狀極光破碎，下方的黑色失去了原本的形狀。活動稍歇，直到黑色的地方在光線襯托下形狀變得更明顯，接著類似的過程會再重複一次。

在百慕達（北緯三十二度三十四分），睡夢中的居民被強烈的極光照得睜開了眼睛，在喬治亞州的薩凡納（北緯三十二度五分），當地居民看到滿天亂飛的極光，強烈的粉紅色、金色和紫色光芒從東西兩側升起到離地面四十五度的地方，然後就「融化」了。到了凌晨兩點，極光終於會合在一起，形成籠罩天空的完整弧形，過了一小時，又集合成冕狀，「向四面八方射出明亮的火炬」。

北極光向下行進，在佛羅里達的西嶼（北緯二十四度三十二分）和古巴的哈瓦那（北緯二十三度九分）都可以看到；又繼續向南，出現在北緯二十三點五度的北回歸線，照亮了豐饒的土地，然後通過巴哈馬群島的伊納瓜（北緯二十一度十八分）。

某位住在聖雅哥島（北緯二十度，維德角共和國）的「西班牙裔技工」告訴大家，當地人以為世界末日來了。在牙買加的京斯頓（北緯十七度五十八分），大多數人也認為地球即將毀滅，他們相信紅色的天空表示古巴已被烈火吞噬。雖然也有人假設這些光芒就是極光，但大多數人都不相信，因為極光從未出現在緯度這麼低的地方。在西印度群島的瓜德羅普（北緯十六度十二分），北極星低低掛在空中，觀測天象的人看到一對白色的弧狀極光從其西側通過。

極光也出現在澳洲和太平洋，但由於時區的關係，當夢幻的光線出現時，當地是九月二日的傍晚。太陽下山後，在澳洲南部的卡普達，鮮豔的粉紅色光芒照亮了南方的天空。同樣的景象一直持續到晚上九點，「西邊出現了大火柱」。月亮出來後，極光的強度增加了，比原來的月光更強。感覺就像黎明提早來臨，暖色系的天空轉成藍綠色。空中的光帶已經出現一段時間了，從這時開始紛紛射向天頂。

很多人的說法都極其類似，在大多數地方，天亮後極光就被趕跑了，但有幾個地方由於烏雲出現，極光表演只得提早下場。

維多利亞時代的人並不明白這場壯麗的極光秀從何而來。一七四一年，來自瑞典的研究生西歐特（O.P. Hiorter）提供了唯一的線索（他的指導教授攝西斯（Anders Celsius）創立了攝氏溫度標記），他注意到只要空中出現極光，羅盤的指針就會明顯地被干擾。六年後，西歐特寫出這段經過，他說，當他告訴攝西斯教授他的發現時，教授說他也注意到這個現象，但沒有說出來，想看看西歐特有沒有注意到。❷

可見極光帶有磁力，但除此之外，當時的人對此仍一無所知。接下來的一百多年間，科學家仍然沒有進展。就在卡林頓步入寇烏天文台的那一天，一切都改觀了。

雖然名叫寇烏天文台，但這棟白色的石頭建築實際上位於里奇蒙的鹿園。英皇喬治三世於一七六八至一七六九年間建造了這個三層樓的私人天文台。喬治三世以瘋癲出名，在精神穩定的時候，他會在天文台裝了欄杆的屋頂上進行觀察（有時候獨自一人），利用鹿園裡的一排石柱來預測太陽何時會轉到正南方，來安排進入議會、巡視禁衛騎兵、到聖詹姆斯公園打獵和其他活動的時間。一七七二年，這位英國的君主在寇烏天文台監督H5計時器的測試，親自結束了哈里遜（John Harrison）與其他人的爭鬥。

---

❷ 米道斯（A.J. Meadows）和甘奈迪（J.E. Kennedy）在評論這篇文章時便挖苦說：「過了這麼多年，資深研究人員和助理之間的關係依然沒有好轉。」（《天文學展望》，一九八二年，第二十五期，第四二〇頁）

八十七年後，天文台已經擴建，當卡林頓走上長長的車道時，等待他的有好消息也有壞消息。壞消息是天文台裡沒有人看到太陽閃焰，也沒有人拍下當天太陽的照片。最新的照片是在八月三十一日拍攝。然而，也有好消息，九月一日出現了異常的現象。有股力量造成地球的天然磁層發生震動。

寇烏天文台的磁力儀錄下了干擾。磁力儀上有一根磁針，掛在絲線上，儀器則放在沒有燈光的房間裡。磁針受到地球磁場牽引而指向北方。磁場一出現變化，磁針就會移動。有一絲光線照著磁針，然後反射到慢慢旋轉的圓筒上，就可以記錄磁針移動。圓筒外則固定了一張鼓起的相紙。每天早上十點鐘，寇烏天文台的技術人員就會換上一張新的紙，這張紙移動的速度非常緩慢，每小時只移動一點九公分，所以過了二十四小時後，會畫出了四十五點六公分的追蹤紀錄。只要地球磁場受到干擾時，磁針就會抖動，紙上就會刻下起伏的線條。

天文台的人給卡林頓看九月一日和二日的紙卷。雖然追蹤紀錄的比率很小，但就在卡林頓看到閃焰的同時，地球磁場曾經彈了一下，彷彿被一記磁性拳頭打了一下。令人意外的是，干擾大約持續了三分鐘，但卻花了七分鐘才恢復正常。這麼一來，干擾的現象更不容忽視。

假設這不是巧合，那麼卡林頓看到的閃焰通過了一億五千萬公里的距離，重重打了地球一拳。那個時刻一定讓人覺得很昏亂，也有點可怕。過去兩百年來，天文學家利用牛頓的萬有引力定律了解太陽和行星之間的運行。天文學家因此相信，萬有引力和緩的力量讓宇宙遵照固定的規律運行，人類才能扮演旁觀者的角色，讚嘆宇宙規律的運作如此宏偉。但是此時似乎實際的情況跟科學家的了解完全不一樣，地球正在經歷劇變。毫無疑問地，萬有引力仍是主角，但突如其來的磁力攻擊偶爾也會搶走焦點。這種攻擊也不全是急劇猛擊。第一次干擾後過了十八個小時，卡林頓看到天文台的磁針又開始移動，強度超過十一點二十分的那一擊，也打破幾十年來寇烏天文台所收集的所有紀錄。事實上，卡林頓在寇烏天文台的那一天，磁針仍不斷顫抖。磁力風暴雖然減弱了，卻尚未完全平息。

九月二日傍晚，天色一片漆黑後，極光仍在空中肆虐，歐洲各地看到前所未有的光舞。看得到極光的地區包括挪威的克里斯提安；英格蘭各地，包括杜倫、普雷斯頓、諾丁漢、格蘭瑟姆、倫敦、克里夫頓、艾迪索特、布萊頓；法國巴黎；比利時布魯塞爾；奧地利帝國各地，包括布拉格、熱索夫、維也納、米特朵夫；瑞士全境；義大利羅馬。其他地方如瑞典和俄羅斯各地則發生了強烈的大雷雨。雖然亞洲北部也都是陰天，但當地的磁力儀也偵測到強烈的干擾。

這天晚上，極光也打破緯度最低的紀錄。薩爾瓦多的《國家公報》報導，極光也出現在位於北緯十三度十八分的烏尼翁：❸

約莫晚上十點，水平面上約三十度的紅色光芒照亮了從北到西的所有地方。光線如白晝般明亮，但還不足以遮蔽星光。海水反映了紅色，看起來就像被血染紅了。這個現

❸ 譯按：原文寫 from La Union, San Salvador 有點奇怪，這應該是兩個地方，從經緯度來看，La Union才對

象一直持續到凌晨三點，這時濃厚的烏雲從東方升起，蓋過空中光線照亮的地方，形成非常特殊的景象；因為在雲層不夠濃密的地方，紅色的光線會穿過雲層，產生上千種古怪的圖案，就好像在黑色的背景上畫上火焰。

在聖薩爾瓦多附近的城市[4]，報導中也說這地方一片血紅，「紅色的光線非常強烈，屋頂上和樹葉上似乎都沾滿了血。」

世界各地不斷有相關報導出現，看來地球真的出現了異象。早在不知不覺中，地球已參與了一場規模廣大的太空活動。而卡林頓目擊的說不定就是破壞的源頭。但真有人能幫他背書，證明太陽上發生了激烈的火焰噴發嗎？不論他的口才再流利、圖表再精密、數學計算再仔細，除非他能夠找到願意作證的人，不然一定有人會懷疑他所描述的景象。這就是科學的本質，要有證據才能相信，你的主張愈特別，需要的證據也更加異乎尋常。卡林頓的計算結果顯示這次事件不只特別；坦白說，已經讓人覺得無法置信了。但卡林頓有一項很有利的條件，也就是他的名聲。大家都知道他的態度一絲不苟，幾乎到了令人困擾的地步。連皇室天文學家艾瑞爵士都向他請教，請他判斷最神聖的格林威治天文台所記錄下來的觀察結果是否精確。

卡林頓到寇烏天文台看過資料後，他的主張開始在天文界四處流傳。肯特郡赫斯特格林鎮的豪雷特牧師那天也觀測過太陽，但他中午才開始觀測，戲劇性的爆發早已過了半個多小時。然而，一八五九年九月一日，還有另一位正派的天文學家也在觀測太陽。倫敦海格區的士紳霍奇森（R. Hodgson）是十分受人尊敬的太陽觀察家，他發明了特殊的接目鏡，可以用來觀察太陽可怕的強光，也不會傷害眼睛，另外他也是皇家天文學會的會員。知道霍奇森也認為他目擊了「非常值得注意的現象」，卡林頓當然大大地鬆了一口氣。聽到這消息時，卡林頓堅決主張兩人不要先進一步交換資訊，而是等到下次皇家天文學會開會時，再把經過深思熟慮的說明向成員報告。

在等待期間，各地也紛紛傳出極光造成了災難的報導。看似美妙的光線不知怎地癱瘓了電報系統，導致世界各地無法溝通，就像現代的網際網路被中斷了一樣。現代人十分仰賴網路，十九世紀的企業則利用電報來進行貨物和股票交易，政府依靠電報得到情報和新聞，民眾也利用電報和親友保持聯繫。但在卡林頓看到閃焰後的幾天內，這些資訊動脈在自然的阻撓下無法順暢流動。

較輕微的影響是干擾造成了不便，比方說極光讓巴黎和其他地方的鈴聲同時響起，讓負責收電報的人以為有新的訊息進來。嚴重時，極光可能會危害生命及身體。在美國費城，有一名電報員在測試發信設備時遭到嚴重的電擊。這些使用班恩（Bain）或化學系統的電報站，也面臨最嚴重的危險。這些系統在線路上使用電力來標記紙張，接受傳入的訊息。電流猛然衝高，紙張就會著火，整個電報站會籠罩在嗆人的濃煙裡。在挪威的卑爾根，極光出現時，電流突然

❹ 譯按：原文寫 city of Salvador，但這個城市在巴西。

變得很強烈，操作員冒著可能遭到電擊的危險，手忙腳亂地拔掉儀器的電源，把設備搶救了下來。

科學必須揭開謎團，到底是什麼導致極光出現？

一八五九年十一月十一日，英國皇家天文學會的成員在倫敦的薩默塞特大樓集合，內心充滿期待。眾會員想當然爾都穿著當時流行的雙排釦長外套，配上做工愈來愈精緻的領結，全神貫注地聆聽卡林頓和霍奇森先後上台報告。當卡林頓提出與普羅米修斯（把火從天堂帶給人類的希臘神祇）有關的證詞時，他也展示了當天他所畫下的精密圖畫的放大版複製圖。之後他把這張圖寄放在學會的房間裡，讓無法參與這次會議的成員可隨時觀賞。然後他坐到聽眾席上聽霍奇森講述他看到的現象，心裡則焦慮著想知道兩人的說法是否吻合。

霍奇森的說法和卡林頓大致類似，他說，當眼前出現一顆比太陽表面還要明亮的星星時，他非常驚訝。燦爛的光線讓旁邊太陽黑子的邊緣看起來更亮，大家都知道鑲在烏雲四周的銀邊非常明亮，但還不足以形容他看到的星星。時間點也和卡林頓說的一樣。然而，霍奇森對大家坦承，他真的吃了一驚，而爆發的過程一瞬間就結束了，所以他沒畫下精確的圖，只畫了一張素描，會後也把圖留在學會裡供人觀看。在學會期刊的編輯評論中也提到了霍奇森畫得很好，並在會議中引起一陣騷動。但不知道為什麼，期刊內容裡只有卡林頓畫的圖，而現在也找不到霍奇森畫的圖了。

會議結束後，大家都被卡林頓說服了，所有的成員都相信太陽上真的發生了前所未有的現象，或許應該說在太陽的高海拔地區。因為在活動發生前後，太陽表面並沒有出現變化，可見閃焰出現的地方一定比太陽黑子群高很多。至於閃焰和極光的關聯性，倒有不少爭論。兩人都提到了這兩個特色；卡林頓甚至還把寇烏天文台的報表展示給大家看，指出閃焰出現時磁力也發生劇烈變化，然後告訴聽眾難以置信的激烈磁暴正好跟極光同時出現。他覺得兩者之間的關係很重要，但那天他仍是科學懷疑論的模範，雖然同時出現的巧合值得進一步深思，但他也警告聽眾：「一隻燕子出現，不代表夏天來了。」

卡林頓會如此謹慎，是因為他跟其他人都無法找出一種可以把太陽的爆炸威力傳送到地球的機制。如果真有關聯，那需要新的物理理論才能解釋。在沒有理論的當下，兩個現象就像巨大深谷兩側的柱子，中間沒有橋樑。很明顯地，卡林頓沒有犯下業餘天文學家常犯的大錯——只看到一次獨特的例子，就做出驚人的結論。

我們很幸運，有一百五十年的時間來做事後的判斷，現在我們知道卡林頓看到的閃焰引爆了天文學的發展。太陽突如其來地展現力量，造成了地球的混亂，天文學家不得不匆忙投入研究，以了解太陽的本質。之前有關太陽的研究處於落後狀態，天文學界的重點在於標出星星的位置，提供航運的輔助。在卡林頓看到閃焰的那一年，德國的科學家在光線分析上有了重大的突破。天文學家因此得到調查太陽組成的方法。一旦把這些技術用在明亮的太陽上，那麼也能用來探索恆星，傳統天文學進而開始轉化，形成今日的天文物理學。

這個改變的支點就是了解太陽的磁力能夠襲擊地球，這說明了天體彼此之間的連結超乎人類的想像。但並非從卡林頓看到閃焰以及後續的磁力破壞後，才促使天文學家思考除了陽光之外，太陽和地球之間是否還有其他關係。再往前回顧半個世紀，天文學大師赫歇爾（William Herschel）在英國皇家學會發表了一系列有關太陽本質的演說。在最後一次演說中，他解釋小麥價格的起伏如何讓他聯想到太陽黑子。赫歇爾的提議引起了騷動，大家都揶揄他的想法。

第2章

赫歇爾的荒謬理論

【一七九五年～一八二二年】

十八世紀末，要再過五十多年，卡林頓才會看到閃焰，當時的人對太陽本質和目的的看法分成截然不同的兩派。一派是「想像力豐富的詩人」，極力要把太陽描繪成「有福之人的住所」。另一派則是「憤怒的道德家」，他們指出太陽是「適合用來處罰邪惡之人的場所」。一七九五年十二月十八日，五十七歲的赫歇爾抨擊這兩種觀點，他說這兩派的基礎只是主觀的意見和模糊的猜測。他宣稱從他的觀測結果，他有權提出第三種完全根據「天文準則」的看法：太陽不是靈魂的歸宿，也不是惡魔的巢穴；太陽上有很多生物，就跟地球一樣充滿生機。

很多人對赫歇爾的天文學理論早就深感懷疑，認為他不是瘋子就是天才。他自己也曾自嘲，光是他平常用來觀星的放大倍率就能讓天文學家把他抓到精神病院去。那些惡意批評的人聽了他的最新主張後，對他仍然沒有好感。

赫歇爾在同儕心目中沒什麼可信度，原因之一在於他自製的望遠鏡比專業天文學家的設備優越許多。天文學家早已習慣從自家不夠精良的望遠鏡裡看到各種各樣的形狀，而赫歇爾則宣稱高倍率放大後他看到的星體是圓形的，這讓他們特別不滿。有一天，赫歇爾受邀參加晚宴，他的座位被排在物理學家卡文狄什（Henry Cavendish）旁邊，卡文狄什的個性沉默寡言，只會安靜地思索充滿爭議性的問題，需要和女僕溝通時，他都把話寫在紙條上，因為他害羞到不敢跟她們交談。

一如往常，晚宴開始時卡文狄什一句話也沒說。過了一會兒，他轉向赫歇爾。「赫歇爾博士，聽說您看到的星體是圓形的。」

「跟鈕扣一樣圓。」赫歇爾回答。

卡文狄什又恢復沉默，晚宴繼續進行。用餐即將結束時，他又轉向赫歇爾。「跟鈕扣一樣圓？」

「正跟鈕扣一樣圓。」赫歇爾說。兩人之間的對話就此結束。

和赫歇爾的望遠鏡相比，格林威治皇家天文台的望遠鏡也失色了，赫歇爾自認能把星體放大幾千倍，皇室天文學家馬斯基林（**Neville Maskelyne**）博士不相信他的說法。特別是因為他自己的望遠鏡只有幾百倍的放大倍率而已。

赫歇爾的一個朋友和馬斯基林博士吃過飯後，寫信給赫歇爾：「你已經將設備打造得盡善盡美，起碼你願意大膽嘗試不同的用途，才能越過綁住現代天文學家的畏怯心理，而他們只能呆站著，為了面子而不願承認你的發明超乎尋常地卓越。」

赫歇爾的回信語氣哀怨：「為了保護天文學界某些知名的善良紳士，我的觀測必須暫緩……（出於對天文學的熱愛）懇請你伸出援手，我的觀測結果不該僅因其異於尋常而失去可信度。」

赫歇爾終其一生大都能成功地擊退他人的批評，因為他個人的某項成就傲視同儕；他是歷史上唯一一個發現新行星的人。一七八一年，太陽系的第七顆行星，也就是天王星，出現在赫歇爾自製的望遠鏡裡，那時他正在英國的水療之城巴斯的家中後院觀星，他的妹妹卡洛琳是他最可靠的隨行書記員。發現天王星後，四十三歲的赫歇爾出名了，並得到喬治三世的贊助。這也使得當代的專業天文學家不得不接納他的異端科學。

赫歇爾並不關心如何測量星體的位置以描繪更可靠的航海圖，他的研究重心在於發現。他熱愛發現不同太空「品種」（這是他自己的說法）的形狀和數量。他在巴斯哲學學會接觸到很多博物學者，在他們的影響下發展出自己的研究方法。博物學家研究的主題就是周圍的動植物，建立各綱各種的分類，赫歇爾也打算用這種方法來研究宇宙。

他的方法破壞了傳統的觀測目標，而他業餘天文學家的身分更令情況雪上加霜，討厭他的人愈來愈多。謠言到處流竄，說赫歇爾發現天王星只不過是運氣好。支持他的人多半來自博物學界，而不是天文學界，支持者駁斥不滿赫歇爾的人，說他們是「愛鬼叫的小心眼小狗」。赫歇爾本人則發憤捍衛他的發現，堅持他探索天象的過程自然帶來了前所未有的發現。有一次他寫到自己「慢慢瀏覽造物者留下的大作，而現在翻到的這一頁包含第七顆行星。」

赫歇爾從事天文研究的目標非常偉大：不斷地觀察以領悟天體之間複雜的交互作用。他的觀點正好符合當時最盛行的浪漫文學運動。那時候的人相信要了解某個東西，就必須親眼看見和親身體驗。就像自然哲學家追求客觀性時常作的努力一樣，他們也認為人類要得到同等的待遇。赫歇爾融合了兩種特質，他通常從完全客觀的觀察開始，再編織成細部豐富的圖畫，以期能引起其他人的共鳴。

一七九五年十二月十八日，赫歇爾做了一件從來沒有人做過的事。他開始一系列的演講，希望能激發學者討論太陽的本質以及太陽和地球之間的關聯。當時還沒有專屬某種科學的學會。皇家天文學會要二十五年後才會創立，所以赫歇爾只好在皇家學會發表演說，這個學術組織屬於所有研究自然哲學的學者，他們各有自己的專業，赫歇爾發現天王星後，也被招攬成為會員。

一六六二年，一群飽學之士自英皇查理二世手中取得活動章程，便正式成立皇家學會。一百三十年後，皇家學會在新落成的薩默塞特大樓集會，這棟宏偉的建築物前臨倫敦的河濱大道，後面靠著泰晤士河。大樓內的牆上掛著已故成員的油畫，天花板上掛著水晶燈，鑲板非常華麗，現任會員坐在有靠背的木頭長椅上，聽赫歇爾用他獨特的天文分析長達一百八十多年的太陽觀測。

約在一六一〇年，當伽利略注意到義大利帕多瓦城太陽下山的景況後，從此開始使用望遠鏡觀測太陽。低低掛在空中的夕陽被一層薄薄的雲霧遮住，熱力大大降低。伽利略拿出望遠鏡，開始研究這顆發光的天體。他注意到太陽表面有陰暗的斑點，便用這些斑點來測量太陽轉動的速率，根據伽利略的推測，大概要二十五天。[1]

[1] 伽利略是否因觀測太陽而導致失明，並沒有確切的證據。七十二歲時，伽利略因為白內障和青光眼造成視力衰退。不過他早在二十五年前就開始觀測太陽。雖然一開始他會在日出或日落時直接觀看太陽，但不久他就換了方法，把太陽的影像投射在平板上。

其他使用望遠鏡觀測的人也注意到太陽黑子：荷蘭的哥爾史密德（Johann Goldsmid）、德國的施蓋納（Christoph Scheiner）和英國的哈瑞特（Thomas Harriot），這些斑點的瞬息變化引起他們反覆思量。施蓋納認為這些斑點是之前還沒發現的行星留下的輪廓。伽利略不同意這個說法，他用連續的觀測結果告訴大家，太陽黑子穿過太陽表面時會顯示出特別的加速和減速運行。伽利略觀察到當黑子靠近太陽的邊緣時，它們會慢慢加速直到移動到太陽的中心，然後速度又慢下來，最後緩慢地移到另一邊，轉到我們看不見的地方。伽利略的推論正確，固定在旋轉球體表面上的物體就有這種行為，而太陽前方的行星卻以固定的速度行進。如果有人不相信這個論點，伽利略也提出其他的觀測結果，顯示太陽黑子的大小變化。他甚至親眼看到有些黑子逐漸變小消失。在地球和太陽中間的行星怎麼可能像這樣消失呢？

在赫歇爾發表他的演說前，學術界沒有人相信太陽黑子除了出現在太陽表面上，還有其他的作用。關於太陽黑子，科學家提出了幾個想法。伽利略認為黑子是在太陽大氣層中漂浮的烏雲。其他更早以前的天文學家則相信太陽是巨大的自然熔爐，所以黑子一定是浮在灼熱液體上的熔渣。一六一八年，三顆明亮的彗星為這個看法提供怪誕的論據。那一年很反常，太陽表面都沒有出現巨大的黑子，有些人認為這是因為形成黑子的熔渣和燃燒的液體被噴到太空中成為彗星。

這些想法在十八世紀早期就改變了，主要是因為牛頓在一七〇四年出版的《光學》這本書裡提到：「太陽和恆星的表面熱度強烈。」這讓思考者不禁認為，在太陽熾熱的外殼下可能也是類似地球的行星體。根據這個思路，黑子比較有可能是火山爆發的結果。在想像中，黑子就是火山噴出來的煙，預告即將發生猛烈的噴發。其他人的看法略有不同，他們認為沒有火山，太陽表面的火海偶爾也有潮汐起落，退潮時露出來的山頭就是黑子。

在簡短總結這些不同的想法後，赫歇爾開始詳盡地敘述自己觀測太陽的結果。之前他多半用小望遠鏡觀測，讓鏡頭收集到的陽光降到眼睛可以忍耐的程度。當時的天文學家會用煙燻過的玻璃擋在眼睛前面，進一步降低陽光的強度。問題是小望遠鏡不像大望遠鏡能清楚地看到細節。可是，如果用大望遠鏡搭配煙燻過的玻璃，聚集的陽光會讓煙燻的表面起泡，最後玻璃變得斑駁，刺眼的光線就會穿透而傷害眼睛。更糟糕的是，玻璃受熱碎裂時，天文學家的眼睛通常近在咫尺。

赫歇爾突破性的做法是打磨一塊望遠鏡的鏡面，但不磨亮。在十八世紀，鏡子的原料不是玻璃加上一層銀或鋁，而是銅和錫合金的金屬鏡製成，再加上一點砷以便磨亮金屬。赫歇爾的創新發明表面反射性不強，自然減弱陽光的猛烈，讓他可以使用更大的鏡面，看到比別人更多的細節。鏡面並非模糊發亮的金屬，反而變成一塊很像橘皮的斑駁平面。他也看到大的太陽黑子是太陽表面的凹陷，沉在火光的下方，所以他認為黑子應該是「開口」，透過黑子就能窺見真正的太陽表面。

赫歇爾並非第一個提出這個創新概念的人。他的朋友派屈克（Patrick Wilson）是格拉斯哥大學天文學教授威爾森（Alexander Wilson）博士的兒子，已故的威爾森博士早在二十六年前，也就是一七六九年時就提出同樣的結論。赫歇爾只是證實了威爾森的想法。但赫歇爾決定不提及威爾森優先提出這些主張。刻意忽略的結果，勢必引發別人的挑戰。

赫歇爾渾然不覺自己即將引起爭論，逕行提出太陽燦爛的表面不是海洋，而是由兩種不同的煙霧組成的大氣層：一種是透明的，另一種則很明亮。在他看來，太陽黑子是由下層實體界的景物培養出來，在火焰暫時出現開口時就會產生漩渦。

雖然赫歇爾無法解釋那些明亮的物質是什麼，他提出之前發生的例子。地球大氣層偶爾會出現極光。觀察金星的人有時候會看見灰白色的光芒在比較暗的那一邊留下斑點。[2]當時的人還不知道物質分子的結構，無法解釋這種螢光，大多數的自然哲學家只以為發光物質一定包含某些尚未發現的化學成分，在適當的情況下就會發光。在地球和金星上，大氣層發光只是暫時的現象，赫歇爾認為在太陽上，太陽大氣層持續發光則是最自然的狀態。

赫歇爾堅持提出他的結論：太陽上有很多生物。他認為他一定可以「證明」太陽是行星的一種，這是必然的結果。正如地球上的探險家在新世界人煙罕至的角落都能找到人類社會，天文學家也相信所有的星球上都有生物。如果太陽也是行星，上面就能找到生命。然後他問聽眾一個有預設答案的問題。既然地球離太陽一億五千萬公里，都能在地表上感受到太陽的熱力，那麼太陽表面是否灼熱到我們無法想像的地步呢？

赫歇爾認為答案是否定的。事實上，他不相信太陽會有多熱。他提出了證據：登山者和搭乘熱氣球的人都說高度升高後，溫度降低了。他說那是因為他們更靠近太陽的關係。赫歇爾完全曲解了高度對大氣溫度的影響，而相信這就表示太陽本身其實不熱。他認為熱力並非陽光固有的特質，而是和某種易受影響的物質交互作用的結果。如果太陽本體並沒有這種特質，那太陽表面的氣候一定非常舒適。

提出最後一個論點時，赫歇爾以一般常識推論，假設月球上也有居民，他們犯下的錯誤就是看著地球，認為地球的功能就是讓月球不要脫離軌道及反射更多溫暖的陽光，完全忘了地球上也有很多生物，所以他警告聽眾不要犯了同樣的錯誤；不應該認為太陽唯一的用途就是利用萬有引力圍住行星及提供豐富的熱力。

演說結束後不久，一封信寄到了赫歇爾位於斯勞（Slough）的家中。為了在英皇觀測星相時能夠隨侍在側，赫歇爾搬到了溫莎堡附近。這封信的寄件人是派屈克，他繼承了父親在格拉斯哥大學的天文學教授職位。他的父親威爾森在幾十年前便已經公開發表太陽黑子是「開口」的結論，因此他要求赫歇爾解釋為什麼聲稱自己才是發現者。

根據赫歇爾的習慣，如果書信的內容令他苦惱，或是他認為信中的評論可能會讓作者覺得

❷ 一六四三年人類發現金星後，上面的灰白色光芒不斷引起爭議。一九九〇年，NASA的伽利略號太空船飛過金星，才有了解釋的方法。金星的表面熱到（超過攝氏四百度）岩石都會發亮。有時候包圍整個金星的雲層會散開，讓光線射入太空中，地球上目光銳利的觀察者也就看得到。另一個說法則是「大氣光」，也就是大氣中的作用，類似地球上的極光。也有人認為灰白色光芒只是虛構，只有想像力太強或光學設備太差的人才看得到。

尷尬，他就會將信件銷毀，因此派屈克的信找不到了。但赫歇爾的回信被保存下來，這是因為卡洛琳將回信內容抄寫到家族的信件紀錄中。赫歇爾暗示自己並不知道威爾森曾發表過這個主題的文章，但現在既然知道了，只好「公開放棄首位發現者的所有功勞」。然後他又解釋說，他已經不去考察最近有關太陽黑子的文獻，因為他想避免和德國的天文學家施羅特（Johann Hieronymus Schröter）對抗，他透露施羅特最近寫了篇「關於太陽黑子的無聊論文」的文章。在談到最近出現的意見時，赫歇爾覺得他有義務要跟這些意見唱反調，因為施羅特表現出一種「不論想法有誤還是沒錯，都要抓住每個機會來防衛自己」的個性，因此引起爭執。

這或許是第一個徵兆，赫歇爾一向喜歡強調自己發現天王星，但他好戰的本性開始消退了。過了五十七歲，他的身材愈來愈豐滿，生活步調則愈來愈緩慢。從他的觀測日誌來看，他不再像從前一樣，和妹妹樂此不疲地在空閒的夜晚觀察滿是星星的天頂，尋找新的發現。他結婚得晚，現在才有個三歲的兒子。他開始入不敷出，每次裝了新的望遠鏡，房東太太就堅持要加房租，他只好搬到比較便宜的地方。赫歇爾每年的皇室補助金只有微薄的兩百英鎊。他靠著幫富人和貴族製作望遠鏡來貼補收入，但要維持自身聞名的技術，他必須投入很多時間。在寫給派屈克的信中，他悲嘆自己要幫西班牙國王建造九公尺長的望遠鏡，這也表示「這一年沒什麼機會脫離工人身份了」。此外，參觀他的家及天文台現已成了路過斯勞和溫莎的士紳們的社交活動。不管他多麼喜歡成為眾人的焦點，但招待客人就耗掉他不少時間和精力。

當他晚上終於有時間外出時，他比較關切星星的亮度。少數亮度會變化的恆星特別引起他的注意。太陽黑子的數目及大小是赫歇爾唯一知道太陽上會變化的數量，他認為星球的亮度變化一定是大量黑子同時出現的關係。他想知道如果太陽上突然出現大量黑子的話會發生什麼事。如果陽光因此減弱，會對地球上的生物造成破壞嗎？在尋找答案時，赫歇爾參考了自然史學家的資料，主張自然歷史中的很多現象似乎都和過去的氣候變化有關聯。

雖然他沒有把確切的推測寫下來，但他幾乎可以確定這個發展中的看法，地球上的景物逐漸成形，花了很長的時間才演化成現在的樣子，而且正如聖經直譯所言，之後還會繼續變化。自然哲學家探查顯露在懸崖表面及礦坑中的岩層時，發現過去的事物和現在不一樣了。化石是很好的例子。在英格蘭南部，經過暴風雨摧殘的石灰質懸崖下，埋著兩隻看起來像熱帶鱷魚的生物殘骸。難道英國真的曾像赤道區域一樣酷熱嗎？

我們現在知道自遠古以來，地球的力量會把岩石送到另一個地方，但對赫歇爾來說，要再過好幾個世紀，科技進步到能夠測量陸地的變動，科學家才會得到這些概念。當時赫歇爾唯一想得到的解釋就是古代英國的氣候比較溫暖。他寫道：「或許要說明（氣候明顯變化）最簡單的方法，就是推測以前和現在太陽明亮度的高低變化。不論如何，大力強調目前的事物秩序已經穩定下來未免太過武斷。」

推論出氣候曾經發生變化後，赫歇爾的太陽研究得到了全新的動力。他開始用直徑足足二十三公分的鏡面改造望遠鏡，結果馬上遭遇意想不到的障礙。熱力集中後，用來降低炫目陽光的暗色玻璃片都破掉了。致力於創新科技的赫歇爾開始實驗使用彩色玻璃，想製造出完美的太陽接目鏡。他發現雖然紅色玻璃可以阻擋大部分的光線，卻會讓眼睛熱得無法忍受。當他把溫度計放在眼睛的位置，讀數立刻跳到二十九度。他馬上移開溫度計，免得快速膨脹的水銀炸開玻璃管。另一方面，綠色玻璃則可以阻擋熱力，卻能讓更多光線穿透。

當時一般人都認為不同的顏色會產生一樣的熱度。赫歇爾的彩色玻璃實驗顯示大家都想錯了。他覺得很好奇，於是開始進行研究。他把稜鏡放在照得到陽光的窗戶旁，把彩虹顏色的光譜反射到可旋轉的板子上，他在板子上割出一條長長的縫。板子下面則放了三支溫度計，一支是他自己的，另外兩支則是向已得到安撫的派屈克借的。只要轉動板子，就可以改變穿過隙縫投射到水銀燈泡上的顏色。他輪流改變顏色，從藍色到黃色再到橘色，並記下每種顏色會讓溫度計升高多少度。最後到了紅色時，溫度繼續上升。毫無疑問地，紅光的加熱能力的確超過其他顏色。

一八〇〇年三月二十七日，他發出第一次通知給皇家學會，四個星期後又送了更多論文過去。他知道自己的結論會讓大家覺得驚訝，於是先提出了自衛的評論，提醒其他會員：懷疑理所當然的事情有時候是自然哲學家的責任。在對聽眾做了預先警告之後，他聲稱不同顏色的光線各有不同的加熱能力，而藍光幾乎沒有能量。

正如之前他所擔心的，並非所有人都相信他的說法。有人認為他的結論只是傻瓜的囈語。《自然哲學、化學和藝術期刊》登出一篇非常無禮的文章，作者是萊斯利，他認為赫歇爾犯了業餘人士的錯誤，只記錄了房間裡升高的環境溫度。赫歇爾不在乎攻擊，在皇家學會會長班克斯爵士（Sir Joseph Banks）的無條件支持下，他表現得非常鎮定。班克斯寫了一封語氣恭敬的信給赫歇爾，要求面對面討論新的工作。或許班克斯把赫歇爾受到的批評銘記在心，所以他向這位天文學家保證，雖然「大眾若能看見您的發現所蘊含的價值，他們將會全心讚賞；以下所言絕無冒犯之意，對於新行星的發現我給予高度肯定，但我認為分開熱度和光線是蘊含更重大科學價值的發現」。

赫歇爾倍受激勵而更加緊工作，再度利用皇家學會來發表更大膽的推測：除了某些顏色和導熱無關，太陽真正的熱能幾乎都用肉眼看不見的光線來傳送，這些光線超出可見光譜。他再度把棱鏡放在窗邊。這次他用厚厚的綠色窗簾蓋住棱鏡周圍的窗戶，這樣就不會有雜光來影響溫度計。彩色光譜從棱鏡投射到覆蓋了白紙的桌面。然後他用溫度計分別測量每種光線的溫度，並記下所有的數據。

為了讓批評他的人啞口無言，他把一支溫度計對齊另外兩支，但放在顏色旁邊，就不會照到光線。這樣他就可以監看室內溫度，而檢查有色光下的溫度計讀數，的確比較高。這個巧妙之舉讓他更有自信進行下一步。記錄完所有顏色的溫度後，他把溫度計移到紅光比較明顯的邊緣上方。溫度計的讀數並未回到室內溫度，反而繼續上升。事實上，溫度計顯示的溫度比放在其他有色光下的溫度都要高。另一方面，用來測量室溫的溫度計讀數則保持穩定。結論出來了：太陽的熱度多半靠不可見光線傳送，這種光線的性質和一般光線相同，但無法以肉眼辨別。

赫歇爾想把這種光線命名為熱射線並向大眾發表，但班克斯勸他打消念頭，因為這個名詞所屬的化學系統正受到法國人的抨擊。班克斯認為，從已經腹背受敵的理論衍生名詞，更容易引起他人反感。因此赫歇爾採納了班克斯的建議，暫時將這種光線取名為「輻射熱」。直到八十年後科學界才有了定論，把赫歇爾發現的這種人眼看不到的熱射線叫做「紅外線」。

發現「輻射熱」後，赫歇爾推翻原本認為太陽溫度不高的想法，但他又再度開始思索太陽變化和可能對地球造成的災難。他會有這種擔憂，也是當時的社會環境使然。法國革命的戰火正在歐洲四處肆虐，所到之處都變成拿破崙的戰場。英國自一七九三年就開始和法國打仗，英國由於遭到孤立而無法從歐洲進口穀物。這對獨佔國內市場的地主來說是件好事，但對老百姓來說可就難過了。他們只能吃麵包避免餓死。如果穀物價格上升，很有可能他們微薄的薪水就無法買到足夠的食物，要養活一家子人就更難了。

赫歇爾看到一個直接的類比。埃及人知道尼羅河會氾濫，作物的收入也因此會受到牽連。但氾濫主要受到埃及人無法控制的自然力量的影響，並無規則可尋。於是，他們利用占卜找出洪水逼近時的徵兆，才能做好防備。一八〇一年四月十六日，赫歇爾懇求皇家學會：「我們也應該用類似的方法研究太陽壯麗的光芒，才可以在日光和熱力不足而導致收成不佳的年份做好準備，不是嗎？」赫歇爾覺得這已經超越單純的科學好奇心了。日光和熱力是地球上生物的生命泉源，所以一定要了解光線所能維持的恆久性。他開始專心研究地球和太陽到底有什麼關聯。

前十年赫歇爾已經累積了大量觀測太陽黑子的紀錄。在瀏覽資料時，他突然發現了一件事。一七九五年七月五日到一八〇〇年二月十二日之間，有好幾天都看不到太陽黑子。然後，它們又突然出現，回到平常的數量。所以太陽黑子並非始終一致的。赫歇爾寫道：「如果可以打個比方，我覺得太陽似乎花了一段時間對抗病魔，現在已經進入康復階段了。」

赫歇爾覺得他所預言的太陽變化就要在他的眼前成真。但這是僅此一次的變化，還是會重複的循環呢？他需要更多資料。於是他遍覽以前的期刊論文，找尋更早期太陽黑子觀測紀錄，結果發現天文學前輩們對此真正有興趣的時期很少。他公開表示遺憾，太陽的觀測資料如此缺乏，似乎更證明了前人視太陽為理所當然的態度，而他現在就要對抗這種態度。

儘管資料貧乏，赫歇爾仍堅持投入研究，最後找出五個他認為太陽黑子減少的時期：一六五〇年到一六七〇年、一六七六年到一六八四年、一六八六年到一六八八年、一六九五年到一七〇〇年、一七一〇年到一七一三年。但他要如何確認地球的氣候在這些期間發生過變化？他找不到有系統的氣象資料；不過他的努力只是開始。他必須想出一件會受到氣候影響且對社會具有重要性的事情，才能找到相關的紀錄。最後他領悟到，一開始引起他注意的就是他所要的答案：小麥的價格。他從亞當．史密斯（Adam Smith）一七七六年的經典著作《國富論》中找資料。赫歇爾認為這個想法很完美。氣候溫和時，穀物收成豐富，供需分配得當，使得價格下滑；而氣候不佳時，小麥的價格就會抬高。所以，他只需要比較小麥的價格和太陽黑子的紀錄就行了。當他真的將這兩者的數據進行比較時，大吃一驚。

赫歇爾本來假設太陽黑子會降低太陽的亮度和熱度，造成氣候變冷。但結果卻正好相反。太陽黑子減少與小麥價格上升互相對應，此時氣候狀況不佳；而太陽黑子增加時，氣候似乎跟著好轉，收成也更加豐富。

為了解釋這種現象，赫歇爾訴諸他的熱能不可見光線，他假設有一團透明的「太空氣體」藉由太陽發亮的大氣層浮上來，造成的開口就是我們看到的太陽黑子，同時這團氣體也把定額的不可見熱射線釋放到太空中，讓地球變得更暖和，並改變了氣候。換句話說，太陽黑子並不妨礙熱能流出，反而是熱能大量釋放的結果。提出這個想法後，他召集其他人接受觀測太陽這項工作的挑戰，以便測試他的理論。號召天文學家利用科學進行全新的應用，在赫歇爾所有關於太陽的論述中，這個想法最為大膽。他再也不認為天文學家的工作就是繪製星象圖，他要天文學家來辯論星體的本質。然而，他說的話就像對牛彈琴。有些人聽了只會批評他、甚至嘲弄他。

《愛丁堡評論》刊登一篇文章嚴厲攻擊赫歇爾和他的理論。布魯慕（Henry Brougham），一位有學識的蘇格蘭改革家，嘲弄赫歇爾對分類的熱誠，形容這是「沒有理由的著迷」。布魯慕認為赫歇爾還不夠努力，尚未能把他的觀察結果融合到當時的自然哲學架構中，就急著用含糊的定義發明新名詞，他寫道：「曾發現新天體的人發明了新的名詞，實屬蹩腳的成就。」文中最殘忍的觀點給了赫歇爾致命的一擊：「根據博士對太陽本質的觀察，我們有很多類似的反對意見（關於他發明的命名法），但他輕率地做出太陽黑子會影響穀物價格的結論，實屬最荒謬的言論，其他的說法與之相比都黯然失色。自格列佛到飛島的遊記出版後，還是第一次看到這麼可笑的說法。」

布魯慕引用了史威福特（Jonathan Swift）寫的《格列佛遊記》。這本書在一七二六年出版，由一系列諷刺短篇故事集結而成，嘲弄英國人對遙遠國度的習俗和儀式愈來愈著迷的態度。書中最有名的故事就是格列佛到小人國的冒險，但布魯慕卻覺得另一本飛島遊記可以拿來比擬赫歇爾的研究，飛島的人民無法享受片刻的平靜，因為他們隨時都很擔心天體會發生變化。史威福特舉了一個例子：「太陽的表面漸漸被自己的臭氣覆蓋住，再也無法提供光給全世界。」

布魯慕的嚴責，可能是對赫歇爾開始研究太陽時所引起的爭議的一種反彈：這個爭議讓赫歇爾似乎就被冠上偽君子的名號。自從赫歇爾發現天王星後，天文學家一心想要發現更多的行星。一八〇一年一月一日，義大利天文學家皮亞齊（Giuseppe Piazzi）宣布他也發現了一顆行星，從此和赫歇爾齊名。除了赫歇爾以外，大家每個人都相信皮亞齊說的話。

一七八〇年，皮亞齊在西西里島的巴勒摩設立了天文台。在歐洲各地的天文台中，巴勒摩的緯度最低，因此皮亞齊能看到其他天文學家看不到的天空，他花了很多時間繪製這些區域的星圖。一八〇一年的一月一日，在新年的第一天，他正有耐心地繪製星圖，在許多星星中，他特別標記了一顆不怎麼明亮的星星。第二天晚上，他又拿出自己畫好的天文圖，想檢查測量的結果，卻發現有顆星移動位置了。追蹤了幾個晚上後，他看著這顆星在天上行進，一月二十四日，他寫信給幾位天文學家，告訴他們他的發現。皮亞齊模仿赫歇爾宣布自己發現天王星的方式，宣稱他發現了一顆彗星，但他把自己真正想達到的目的告訴他的同鄉歐里安尼（Barnaba Oriani），一位住在米蘭的天文學家，皮亞齊的信上說：「雖然我宣稱這顆星是彗星，但由於這顆星周圍沒有星雲，而且這顆星的移動十分緩慢及規律，有好幾次我都覺得這顆星可能不只是彗星。但我很小心，不讓公眾知道我的看法。」

德國天文學家波德（Johann Elert Bode）則確信皮亞齊找到了新的行星，他是柏林天文台的主任，也在德國很有名望的天文學期刊《柏林天文學年鑑》擔任編輯，他利用職務之便在德國各地向其他國家大力宣傳皮亞齊的發現。他也宣稱自己早就預料到這顆行星的存在。一七六八年，當時十九歲的波德充滿了無比的熱誠，他發表了一個很簡單的數學算式，可以預測每顆行星和太陽之間的距離。但他沒有提到同為德國人的天文學家提丟斯（Johann Daniel Titius）在一七六六年就想出了這個算式。波德定律預料火星和木星之間有一顆行星，但天文學家在這四億八千萬公里的距離中卻什麼都看不到。波德認為皮亞齊的「彗星」就是這顆失落的行星，現在只需確認它的軌道計算結果。

令人生氣的是，必要的觀測還沒開始進行，這顆行星卻繞到了太陽後面，從地球上看不到了。天文學家只得等到年末，才能在黑暗的天空中重新看見這顆行星。令人高興的是，它的軌道真的在波德預料的地方；這顆新星被取名為穀神星（Ceres）。

更令人驚歎的是，一八〇二年三月二十八日，正職醫生、兼職天文學家的奧伯斯博士

（Dr. Heinrich Wilhelm Matthäus Olbers）發現了「另一顆穀神星」，行進的軌道也很類似。這件事讓波德有點困窘。如果火星和木星之間有兩顆行星，就表示波德定律必須編號才能成立。波德寫信給赫歇爾，告訴他穀神星真的是太陽系的第五顆行星，而這顆被命名為智神星（Pallas）的星體則是太空中的物體，有可能是遭到穀神星阻撓的明亮彗星，或是超越自然秩序的特殊行星。奧伯斯提出了反擊，他寫信給皇家學會：「智神星跟穀神星一樣都是行星，兩者的地位及重要性並無差別。」

赫歇爾則都不相信這兩人的說法。他透過自製望遠鏡卓越的放大能力測量這兩個假定的天體的直徑，發現它們都不夠格。他算出穀神星的直徑是兩百六十公里，智神星則是兩百三十七公里。幾年前赫歇爾避免得罪的施羅特則是用其他的儀器，算出它們的直徑分別是二六一三和二二九三公里（大概跟水星內行星一樣大）。雖然用今日的標準來看，兩人都估計錯誤，但赫歇爾的數字比較接近。穀神星的直徑是九百三十八公里，智神星則是五百三十三公里。

赫歇爾以這兩顆星體的小尺寸當作武器，抨擊兩人認為自己發現行星的主張。他指出這兩顆星體外表幾乎和其他星體沒什麼差別，建議稱呼它們為小行星（asteroids）。雖然他很清楚這些物體絕對不是恆星，他也同意牛頓的看法，認為恆星和太陽相似，只是從比較遠的地方觀看。他覺得小行星很適合用來稱呼這些物體。

波德、奧伯斯和皮亞齊立刻寄出抗議信。一八〇二年六月十七日，奧伯斯又寄了一封信給赫歇爾，他願意稍做讓步。這幾個迷你行星有可能是其他天體的碎片，天體原本很宏偉，卻被超越理性所能了解範圍的宇宙力量砸碎了，這有可能吧？天文學家曾經推測，彗星撞到行星時可能造成破壞。難道他們現在找到了發生類似撞擊的證據？赫歇爾並沒有回信。七月四日，皮亞齊在信中建議，穀神星和智神星應該叫做小行星（planetoids）。這位來自義大利的天文學家十分理性，他指出小行星比較適合用來稱呼體積不大的恆星。赫歇爾也不理會他的提議。不久之後，布魯慕在《愛丁堡評論》發表了對赫歇爾的激烈攻擊，他的意見可用這一句話來代表：「曾發現新天體的人發明了新的名詞，實屬蹩腳的成就。」

面對這樣的批評，赫歇爾更堅定自己的看法。幾個月之後，當發現了第三顆小星時，他處理的態度非常鄭重。他用望遠鏡觀測這新天體婚神星（Juno），認為稱它為小行星非常適合。雖然沒有人能否認這些天體的相似之處，但赫歇爾享有如此的名望，卻用混淆視聽的名字強加在這些星星上，實在無法原諒。其他天文學家紛紛出版文章，嚴厲批評他的研究。一八〇四年，波德在《柏林天文學年鑑》發表赫歇爾關於太陽黑子和小麥價格一文的德文版。當時的習慣是，如果譯者不同意作者提出的想法，就會在譯文中加入粗野的註解。在這個例子裡，波德在註解中宣稱英國的小麥價格不能用來衡量世界各地的土壤肥沃度。赫歇爾回應指出，月亮在不同的時間在不同的地方導致不同高度的潮汐，但沒有人懷疑這不是月球造成的。所以小麥價格或許只在英國適用，但他有信心在其他國家也能找到其他作物和太陽黑子之間有其他關聯。他特別指出，在一個「對小麥而言太熱」的國家，當太陽光線變強時，有可能危及另一種作物。

事業上的問題層出不窮，但赫歇爾還得擔心他九歲大的寶貝兒子約翰。約翰的身體不好，赫歇爾和家人都覺得這是因為他們請了不適合的奶媽。依照當時的習慣，他們付錢請了奶媽為約翰哺乳。約翰斷奶後不久，這不幸的女人身體愈來愈差，最後去世了，赫歇爾很擔心她提供給獨生子的營養不夠好。

約翰似乎不怎麼擔心他孱弱的身體。他進了鼎鼎有名的伊頓公學，這所學校就在赫歇爾家附近，但他讀沒多久就轉學了。有一天，當赫歇爾夫人乘車經過學校時，看到約翰剝光了衣服和一名身材比他壯碩的學生鬥拳。她嚇壞了，立刻讓嬌弱的兒子轉學，把他送到更靠近斯勞的私立學校裡。然後她安排私人數學老師來教導約翰。

隨著赫歇爾的壓力愈來愈大，他對太陽觀測更加意興闌珊。雖然他製作出完美的接目鏡，可以避免視力受損，但他發現望遠鏡本身已經被熱度破壞了。如果他用直徑超過二十三公分的鏡面，鏡片受熱後會變形而破壞影像的清晰度。年近七十的赫歇爾沒有興趣繼續從事發明，於是他終止觀測太陽的活動。

為了增加收入，他用很少使用的望遠鏡當藉口，向英皇申請超額的費用。他造出全世界最大的望遠鏡，長十二公尺，掛在超過十二公尺高的木架上。英皇除了製造費，也支付了後續的維修費用。英皇唯一的條件是，他有時候會帶賓客利用這支強力望遠鏡欣賞天空。問題是這支望遠鏡效能不佳。笨重的外型讓望遠鏡無法正確指向，需要花很久的時間才能找到模糊不清的天體。於是赫歇爾又換回比較可靠的六公尺望遠鏡，除了放大能力強，也比較實用。然而，他送到宮廷的費用摘要卻指出這支放著沒用的十二公尺望遠鏡已經累積了不少磨損的地方，需要維修。事實上，最常使用這支望遠鏡的人是約翰。他最愛把木架當成遊戲器材攀爬上去。

一八一一年，心理壓力終於造成了傷害。赫歇爾的身體嚴重衰竭，家人都很擔心他快要死了。他熬下來了，但體力衰竭使他臉色灰白，只有在想起過去的光榮時才略有光采。他把希望都放在兒子身上。加在約翰身上的無限關愛終於有了報償。一八一三年一月二十五日，虛弱的赫歇爾接到劍橋大學的通知，他的兒子從數學系畢業，得到數學榮譽學位甲等考試第一名。

在赫歇爾的護航下，約翰成為皇家學會的會員，他希望兒子能從事穩定的職業，也有時間進行科學實驗。赫歇爾覺得約翰只有一個選擇，於是他開始頌揚神職生活的優點。約翰強烈反對他的建議，說自己「無法不用惡毒的眼光去看教堂薪酬的來源」。

赫歇爾回答：「我不明白你的想法為何如此卑鄙、不公平，而且非常自負。」他認為不管是否相信上帝，基督教義信奉的美德不證自明。

約翰想當律師。赫歇爾聽了氣壞了，他說律師這一行「不正派、充滿苦惱、不穩定」，也告訴約翰，他比別人表現更優越的數學研究是「更上等的」。

到了耶誕節，這對父子終告合好，赫歇爾同意讓約翰到林肯法學院就讀，但他的學業只持續了一年半。約翰放不下對科學的興趣，同時研究法律和進行科學實驗的結果，讓他精疲力竭。一八一五年，在醫生的勸告下，他離開了林肯法學院，回到劍橋擔任地位卑下的數學老師。慢慢地，他愈來愈享受當老師的生活，而他的健康也好轉了。

因此，赫歇爾又重燃期望，想要安排約翰的事業生涯。一八一六年，赫歇爾帶著兒子到道利希（Dawlish）度假，這個小鎮是當時最流行的海邊度假勝地，也是浪漫小說家珍．奧斯汀最喜歡的休假地點。年老使得赫歇爾精力快速衰退。父子一同呼吸有助於健康的海岸空氣時，赫歇爾告訴約翰自己還有哪些天文研究尚未完成。幾乎沒有人看重他的「壓倒性勝利」而願意接手完成。似乎沒人看見赫歇爾記錄的幾千個星雲。他覺得星雲是構成星體的煙霧，但其他人似乎都不想探索星雲、恆星、行星甚至太陽的本質。大多數的天文學家仍孜孜不倦地改良航海用的星圖。

赫歇爾的巨型望遠鏡是全世界最棒的，現在卻被棄置在斯勞的花園裡放著生鏽。十二公尺的望遠鏡掛在那裡動也不動，鏡面晦暗到無法修復。較小的六公尺長的望遠鏡還能用，但卻再也聽不到從前指向夜空時繩子穿過滑輪輪輻發出的聲音。除非約翰繼承父業，不然一切就要這麼煙消雲散了。

約翰回到劍橋後，父親的話成為他心上的重擔。在秋天之前，他已明白自己應該怎麼做了。其他人都不重視父親的天文遺產，但他責無旁貸。他辭掉了劍橋的工作，搬回斯勞成為父親的門徒，犧牲了自己的志向。一開始他的態度還有所保留，但他很快地就愛上六公尺望遠鏡呈現的美妙景色。他在林肯法學院認識的朋友邵斯（James South）也和他一起進行觀測。看過月球上的山丘和土星的光環後，約翰寫下了興奮的感覺，他相信只要用大型望遠鏡，什麼都看得到。

老舊的望遠鏡被約翰重新拿來使用後，在某天晚上瓦解了，他立刻動手重新製作一支。在製作過程中，約翰看見了最近獲得爵位的父親年輕時的模樣。他很驚訝父親的方向如此明確，也明白他仍保有「年紀無法摧殘的心智」。要是他駝背的身體也沒遭到摧殘就好了。

望遠鏡做好後，邵斯和約翰輪流湊到接目鏡前，追蹤空中散落的謎樣星雲。每發現一個，他們就津津有味地欣賞其複雜的組織。某個特別漂亮的星雲讓邵斯口出褻瀆的話語：「天啊！叫我跟魔鬼交易也值得！」

約翰很快地結識了不少同樣熱愛天文學的人，他們決議要組成天文學家的專門組織，以便熱烈討論天文學的細節，他們的議題已經超越皇家學會能夠容納的範圍了。一八二〇年一月十二日，十四位天文學家在共濟會餐廳擬定計畫，約翰之前研讀法學時就住在這附近。薩默塞特郡的第十一代公爵西摩（Edward Adolphus Seymour）也支持成立天文學會，他自己在皇家學會擔任會員已經有一段時間了。他同意成為天文學會的會長。

在皇家學會擔任會長四十年的班克斯爵士聽到這個消息，立刻跑去找西摩公爵。班克斯提出充分的理由，他認為成立新學會會粉碎科學研究，除了破壞皇家學會的聲望，還有可能造成學會停擺。西摩公爵從善如流，推辭了天文學會的會長職務，也拒絕成為創始會員。

赫歇爾擔任皇家天文學會會長的肖像。（圖片來源：英國皇家天文學會）

於是約翰要求父親擔任會長。一開始赫歇爾爵士以年老力衰為由婉拒，但當夏天班克斯爵士去世時，他改變了主意。他一向忠於職守的妹妹卡洛琳寫了告誡他可以免負任何職責的承諾信。赫歇爾爵士控制不住地擔憂著，苦惱十二公尺的望遠鏡有問題，也發愁他之前寫的觀測日誌不夠安全，擔心這一生的研究就這麼消失了。

赫歇爾爵士身體愈來愈衰弱，十八個月後，他愈來愈憂鬱。八月中，他想站直身子，卻掙扎了半個小時。僕人把他送回床上，他的妻子和妹妹絕望地守在床邊看護。當時約翰正在荷蘭旅行，催他回家的書信晚了一步送到。他想要去參觀最近拿破崙輸掉最後一役的地方。他在戰場中心的三座農舍徘徊許久，渾然不知在英國的家鄉，父親也正面臨他的滑鐵盧。

一八二二年八月二十五日，在暮光中痛苦掙扎十天後，八十四歲的赫歇爾爵士告別人世。

第3章 磁場聖戰

【一八〇二年～一八三九年】

早在一八〇二年，赫歇爾還在思量小麥價格和自然氣候變化的關聯性時，有一位名叫馮宏博（Alexander von Humboldt）的德國博物學家在祕魯俯瞰卡哈馬卡谷（Cajamarca）的小麥田裡，疑惑人類的帝國擴張會對氣候產生什麼影響。馮宏博年輕時聽到水手口中的冒險故事，一心想要探索世界、觀察自然之美，為了完成這個抱負，他決定前往南美洲。

快滿三十歲時，馮宏博決定實現他的抱負。他搭船前往南美洲，找到廣闊的處女地，這塊土地充滿了驚奇，接下來他花了五年的時間調查所有的生物和進行分類，有時候必須苦苦思索，想出堂皇的說法來形容眼前的火山地形。要看到這些原始景色，必須付出代價。他染上了瘟疫和熱帶疾病，差點就沒命了。歐洲的報紙低估了他超乎常人的恢復能力，三次刊登他已經去世的消息，但每次他都打敗病魔繼續研究，更深入到南美洲大陸的核心。

看到委內瑞拉清澈如鏡的瓦倫西亞湖時，他開始對氣候變化產生興趣，發現當地的居民也很擔心這件事。不知道為什麼，水位一直下降。馮宏博開始調查，發現森林會圍住充滿水分的空氣，增加某個地區的降雨量。湖邊的居民砍掉不少樹木以便蓋房子及開墾。因此，流入湖中的水量就減少了。馮宏博應該是史上第一個觀察到伐木會帶來不利影響的人，接著他心懷擔憂地繼續旅行。

在旅程中他收集到愈來愈多的樣本，便雇用了嚮導和僕人來背負行李。他會定期把蒐集到的野生動物和切下來的枝幹送回歐洲，希望有一天自己也能回到歐洲把玩這些收藏。但還有一項發現比其他東西都更寶貴，而且只是寫在破紙上的四個連成一串的數字，那就是地磁赤道的位置。

早在遠古時代，人類就相信天然磁石有魔力，也觀察到地球具有磁場。天然磁石具備獨特的能力，可以吸住鐵片，掛在半空中時則會自動指向北方。在西元前五世紀，魯克瑞息斯（Lucretius）寫到希臘人把這些神奇的石頭稱為磁石，其英文名稱 Magnet 源自希臘北部色薩利（Thessaly）的美格尼西亞（Magnesia），當地生產白色鎂鹽，也是最早發現磁鐵礦的地方。

一六〇〇年，英國女皇伊麗莎白一世的御醫吉伯特（William Gilbert）拿磁石反覆進行科學實驗，破解之前常和磁石連在一起的神秘主義和魔法。他發現磁石可能無法治療痛風或抽搐、無法讓同儕和貴族喜歡你、無法去掉女性身上的巫術、無法斬妖除魔、無法讓夫妻合好、用吸盤魚身上的鹽分醃漬過後仍只能吸住鐵片而無法吸來金子、用大蒜塗抹或放在鑽石旁邊也無法消除磁力。相反地（感覺較不吸引人），吉伯特唯一的發現是，按照排列的方法，一對磁石可能相吸，也可能相斥。換句話說，磁石彼此之間會起作用，這可能只有一個解釋。由於磁石不管放在地球上的何處，總是會指向北方，因此吉伯特正確地推論出地球本身也是一塊很大的磁鐵，同時具有南北兩個磁極。

十七世紀時，羅盤開始成為航海不可或缺的工具，這時大家也發現羅盤有個限制：磁針不指向地理上的北極（地球的自轉軸在北半球的位置）。所以北磁極應該在不同的位置。在地球上找到船隻的位置時，船隻一定會和南北兩極形成一個三角形。只有在船隻行駛在南北磁極的經度上，或正好差了一百八十度時，羅盤才會指向地理上的北極。在其他的點上，每個地方一定都有差別。這種變化叫做磁偏角，必須在世界各地的航海圖上標出來，所有的船隻都需要將磁北極換算成真正北極的修正係數。

發現哈雷彗星的哈雷（Edmond Halley）在十八世紀初自泰晤士河河口的迪普福（Deptford）啟程駛進大西洋，製作出史上第一幅大規模的偏角圖表。拿哈雷的表格當參考，其他的問題很快就浮現了。偏角本身並不穩定，會每天偏移，彷彿磁極白天會稍微改變位置，晚上才會潛回原點，等待第二天再來一次同樣的游移。

每年在倫敦格林威治海軍造船廠得到的測量結果更糟糕，可以清楚看出北磁極每年都有少許的飄移。測量結果還要加上偏角每天的前後移動，表示哈雷的修正係數需要持續更新。磁極的變化讓自然哲學家更覺得混淆了。其他的磁石都不會改變磁力或磁性的方向：很明顯地，地球並不只是吉伯特在女皇伊麗莎白一世的宮廷中描述的一塊大磁鐵。

哈雷編造出一套理論，他表示地球的殼不厚，裡面裝滿了更小的圓殼，就像一層層可以套起來的俄羅斯娃娃。所有的地殼都有磁性，而且轉動的速度不一樣。所有的磁力結合起來，就會在不同的時間出現變化。在哈雷八十歲時繪製的肖像中，他手裡拿的圖就是他的淺殼地球理論。在馮宏博嶄露頭角前，大家都嫌棄哈雷難懂又複雜的解答，自然哲學家希望可以找到更簡單的說法。地球的磁場有三個可以測量的元素。第一個是磁力；第二個是每天和每年飄移的偏角；第三個就是磁場和地面的角度：傾角。

一七九九年，馮宏博離開歐洲時帶了一個儀器，這個儀器能夠測量上述的第三個元素。磁傾針是一塊懸掛著的磁石，可以回應地球磁場的拉扯而上下搖擺。在馮宏博的時代，科學家仍未找出磁極的確切位置。在磁極上，磁傾針會垂直向下指著地球。這位來自德國的探險家是第一個看到磁傾針和地表呈現平行狀態的人：這表示他站在地磁赤道上。確切的地點是祕魯的安地斯山上，海拔三〇四八公尺，南緯七度二十七分，西經八十一度八分。

探險隊在熱帶反受高原的寒冷氣候折磨。通過貧瘠的曠野時，冰雹打在他們身上。馮宏博不畏艱難，堅持要停下來測量磁場。他很小心地保護儀器不遭到惡劣天氣的蹂躪，每次看到讀數時他總覺得很驚喜，因為磁傾針愈來愈平了。他也看到第一個明顯的證據，愈靠近地磁赤道，地球的磁力就愈弱。他繼續往前，發現地磁赤道從西南往東北穿過地球的赤道。

往下走到卡哈馬卡谷小麥田間有人居住的山坳，馮宏博知道，歐洲愛好科學之士看到這些讀數一定會好奇不已。一八〇四年返回故鄉後，他便公佈結果並決心繼續研究磁場。一八〇六年五月，他在柏林城外租了木造盆栽棚，裝上準確的羅盤。這次他想調查偏角白天的移動和晚上的復原，那時候還沒有人找出合理的解釋。在天文學家的協助下，馮宏博每隔半個小時就測量磁偏角，追蹤偏角回歸原點的異常方法，等到天亮太陽出來了，偏角又開始游移。太陽對羅盤有什麼奇怪的影響嗎？

一八〇六年十二月二十一日出現了驚人的情況。磁針發瘋了，擺動的角度就像儀器跟著地震在搖晃。到了外面，馮宏博注意到極光照亮了天空，證實六十年前西歐特和攝西斯的觀察：極光出現時，磁場會發生干擾。馮宏博創造了「磁暴」這個名詞來描述當時的情景，形容地球上發生了看不見的混亂。

在一八〇七年六月之前，馮宏博在柏林總共記下了六千個磁場觀察數據。接著他移居到巴黎，開始整理他在南美洲收集到的資料，準備出版。這是一項浩大的工程，繁多的資料讓他進度緩慢，他一開始估計只要兩年的時間就可以完成，最後卻花了二十年。另一方面，關於他勇敢冒險和在叢林裡險些喪命的傳言四起，他也成為家喻戶曉的人物。如果說赫歇爾曾是歐洲最有名的科學家，那麼現在這個頭銜已經毫無疑問地轉給馮宏博了。甚至有人說，歐洲除了拿破崙之外，第二有名的人就是馮宏博。

普魯士國王腓特烈威廉三世指派馮宏博擔任皇室大臣，馮宏博並未欣然接受，於是國王便答應免除他所有的義務。不過，馮宏博愈來愈頻繁地從巴黎回到柏林接受召見。他最常用的理由是：巴黎才有工作所需的設備。事實上，他比較偏好法國首都的大都會生活型態。

然而，一八二四年查理十世登上法國王位後，一波極左的保皇思想逐漸擠壓馮宏博熱愛的自由思想社會。普魯士和法國之間的政治和軍事情勢也愈來愈緊張。一八二七年，馮宏博除了受召進入普魯士宮廷，國王也要求他留在宮內。腓特烈威廉三世的信上說：「您認為只能在巴黎完工的出版工作應該已經完成。因此我無法容許您繼續留在法國，那是真正的普魯士人都應該痛恨的國家。」馮宏博無法違逆君令，只好回到柏林，安頓在國王的管轄範圍內，也就是他口中的「朦朧氛圍」中。宮廷中充斥著地域利益，柏林和波茲坦的宮殿之間不間斷的動盪，為了轉移注意力，他又開始研究磁場。他想更了解磁暴：磁暴是像暴風雨一樣只出現在附近，還是會吞沒整個地球呢？馮宏博知道，利用他的名望再加上宮廷的職位，或許能幫他找出答案。

❀ ❀ ❀

約莫同時，在德國還有一位科學家，三十六歲的藥劑師史瓦貝（Heinrich Schwabe）。他住在德紹（Dessau），一八二五年贏了當地的樂透，獎品是一支望遠鏡。於是他開始用望遠鏡觀測天空。他曾在柏林讀書，除了藥理學和植物學外，他也研讀天文學。他繼承了祖父的藥房，白天辛勤工作，出售內外科藥物來養活寡母和尚未獨立的十個弟妹。到了晚上，他便探索天空的奧妙，愈來愈期望能有新發現。

贏得望遠鏡還未滿一年，他利用家中的資產向慕尼黑的光學儀器商夫朗和斐（Joseph von Fraunhofer）訂購更好的設備。他也詢問其他天文學家哪些物體比較值得觀察。住在哥廷根的哈定（K.L. Harding，婚神星的發現者）建議他集中精力觀察多變的太陽黑子。另外哈定提出更強的誘因，他說科學家假定水星軌道內有一顆行星，仔細觀察黑子的話，說不定就能發現這顆行星。❶

❶ 水星行進的軌道並不遵守牛頓的萬有引力定律。很多人認為一定是受到另一顆行星（他們稱之為沃肯星（Vulcan））的重力拉扯。雖然進行研究的人不少，卻沒有人發現這顆行星。最後，愛因斯坦的廣義相對論終於能為水星的奇特活動提供解釋。

一八二五年十月三十日，史瓦貝把望遠鏡轉向太陽，開始連續觀察太陽黑子長達四十二年的時間。氣候宜人的日子裡，史瓦貝會記下太陽黑子的位置和描述。光在第一年開始嘗試時，觀測紀錄就多達六十頁。

一八二九年，他的弟弟妹妹都已長大成人，於是史瓦貝把藥房賣掉，專心研究天文學。這時他還渾然未覺自己將會有重大發現—太陽黑子的研究成果直接牴觸地磁理論。

❀　❀　❀

為了調查謎樣的磁暴有什麼影響，馮宏博需要在世界各地建立一連串的觀測站，每一站都要有適當的設備來測量地球永不止息的磁場。第一座觀測站蓋在柏林，位於名作曲家孟德爾頌父親花園裡的木頭小屋中。然後，他利用自己的名望，安排巴黎的科學家進行類似的讀數測量，並在柏林舉辦會議，吸引隱遁的物理學家高斯（Carl Friedrich Gauss）前來參加。高斯的天份驚人，但名聲卻不佳。因為他不會分享他的發現，只公開最成熟的結果。他收的學生很少，用極度自大的態度對待大多數的同事。和他最親近的人說，他的無理傲慢是因為一八〇九年他三十二歲時，二十九歲的第一任妻子喬安娜（Johanna Osthoff）去世了，而他一直無法走出喪妻之痛。但如果有人能幫助科學家了解地球磁場的多變本質，此人非高斯莫屬。

馮宏博全心全意款待高斯，到了會議的尾聲，他說服高斯和其他歐洲學者一起進行研究。

高斯回到哥廷根後，就開始研發新的設備。他甚至願意和同事韋伯（Wilhelm Weber）合作。只要高斯願意貢獻腦力，學術研究一定能成功，但如果馮宏博要完成全球網路的目標，就必須擴展到歐洲之外的地方。[2]這時他就要動用自己在普魯士宮廷的職位。一八二九年，馮宏博到俄羅斯成功完成外交之旅，他要在俄羅斯境內設立橫跨西伯利亞到阿拉斯加的觀測站。接下來，他需要英國人和大英帝國的幫忙。雖然美國已經在一七七六年宣布獨立，但大英帝國在北美洲仍有領地，也就是加拿大。這個橫跨大西洋的帝國也佔有非洲和印度次大陸，向東直到新加坡，最南的領地則在南半球的三塊大陸：澳洲、紐西蘭和范帝門的土地（塔斯馬尼亞）。

在英國，以約翰赫歇爾為首，眾人對地磁的好奇心逐漸高漲。磁暴和極光的確會同時出現，因此約翰赫歇爾相信兩者都是某種氣象現象。愈來愈精密的磁力設備讓科學家得以一窺這個看不見的世界，約翰赫歇爾的同儕也同意必須立刻設立一連串的天文台。

大多數人相信，由於磁暴的現象非常奇特，錯過一次就再也碰不到一模一樣的，所以磁暴應該成為研究的焦點。但有一個人不同意。薩比恩（Edward Sabine）上校接受皇家學會的指派，於一八一八年陪同羅斯（John Ross）去考察加拿大北極圈內的西北航道，然後在

---

[2] 一八五五年高斯去世後，科學家保存他的大腦進行研究。他們將他的腦用於顱相學的發展，這門科學名聲不佳，目的在於將個性特質歸因於大腦不同區域的發展。高斯的大腦有好幾個區域特別發達，科學家認為這就是他的天賦所在。

一八一九年到一八二〇年間又跟派瑞（William Edward Parry）去北極探險，他也同時調查磁力的現象。他堅信每天的變化都非常重要，因為它們會透露地球磁場的基本狀態。

薩比恩反應敏捷，天生具有政治手腕，他開始遊說英國海軍部和皇家學會贊助他到南半球研究物理現象。他指出，沒有人曾在南半球的海洋上測量磁場。雖然羅斯及其姪子詹姆士（James Clark Ross）最近才發現了北磁極的位置，但仍沒有人知道南磁極在哪裡。約翰赫歇爾支持薩比恩的提議，雖然這兩人曾為磁暴和每天的讀數爭執，但在得到金援前，英國科學界的分裂讓兩人站在敵對的兩方。

時值一八三一年。約翰赫歇爾已經結婚，有了兩個小孩。皇家天文學會已經成立，最近得到英皇威廉四世頒布皇家令狀，約翰赫歇爾也成為會長。父親直到八十歲才得到爵士頭銜，但他在三十九歲就達成這個目標，不過他並不覺得滿足。約翰赫歇爾行動力十足，他和其他人覺得皇家學會太過古板，於是他們擬定計畫要從內部進行改善。第一步就是提名約翰赫歇爾擔任會長，共謀的人也找到適當的機會採取行動。約翰赫歇爾的對手是薩塞克斯公爵。在接下來的戰爭中，皇家學會的會員分成傳統派和改革派。薩比恩支持傳統派。在最後開票時，約翰赫歇爾以幾票之差敗北。

幾名受挫的改革派成員成立了BAAS（英國科學促進協會），公開反對皇家學會。[3] BAAS成員每年都到不同的小鎮聚會，避開倫敦令人窒息的菁英主義，成員間分享最新的科學發現並盡情討論。薩比恩痛斥這個新組織。約翰赫歇爾雖然支持BAAS，但落選皇家學會

約翰赫歇爾退隱到南非，將過世父親的星圖擴展到南半球的天空。他在費赫森（Feldhausen）製造了六公尺長的望遠鏡。（圖片來源：英國皇家天文學會）

會長的結果，讓他想離開英國。他計畫在南非落腳，成為史上研究南半球天空的第一人。他希望藉此將亡父的工作推到榮耀的頂點。而在母親去世後，他更急著離開英國。一八三三年十一月十三日，他帶著妻子和三個孩子（又添了一名新成員），還有六公尺長的望遠鏡在普茲茅斯上船，駛往南非的好望角。

約翰赫歇爾離開英國後，和他有共同理念的人都加入了BAAS，薩比恩遭到孤立。在德國，高斯宣布突破性的進展。他成功地開發出更好的磁力設備，並在德國從南到北、從東到西都設立了磁場觀測所。挪威和法國的科學家也愈來愈積極。挪威議會甚至為了提供資金

❸ 參考麥克勞（Roy M. MacLeod）和柯林斯（Peter Collins）一九八一年出版的《科學議會：英國科學促進協會，一八三一年至一九八一年》（The Parliament of Science: the British Association for the Advancement of Science 1831-1981，科學評論（Science Reviews）有限公司出版），就可了解BAAS成立的過程。

進行地磁探險隊，拒絕了皇室建造新宮殿的要求。

一八三四年，BAAS在愛丁堡聚會，英國政府似乎對提供資金給地磁研究有些保留，政府的態度引來科學家的譴責。他們成立了小組委員會，負責說服議會補助大英帝國各地的磁力設備。身為局外人的薩比恩明白，他提議的探險旅程有可能遭到剽竊。他立刻採取政治手段，加入BAAS並成為小組委員會的成員。

薩比恩得到職位後，他開始利用在殖民地建立天文台的說法包裝去南半球探勘的心願。計畫的規模不斷擴張，直到薩比恩負責策劃這一項全世界前所未有的偉大科學工作。他以羅盤兼具導航與軍事功能的論點，成功地讓皇家工程師配置人員給天文台。在一八三七年的BAAS集會中，他煽起聽眾的愛國火焰。難道英國只因為不關心和拘泥於成本，就願意放棄原本的優勢，輸給德國或法國嗎？

薩比恩公開表示憤慨，只因為這對他個人的抱負有利。私底下他則和馮宏博合作，討論如何完成對兩人都有利的天文台網路。薩比恩一方面在BAAS滔滔不絕地發表激發愛國心的言論。另一方面，他負責協調馮宏博要求英國協助的請求適時地出現在皇家學會會長薩塞克斯公爵的桌子上。

由於薩比恩勇猛地擁護磁場聖戰的想法，等了幾年後，政府終於首肯。他只需要一位傑出的人士來做最後的蓋章認可。這個人於一八三八年五月十一日返回英國。

五年後，約翰赫歇爾已經有六名兒女，他叫他們「小人兒」。他在好望角實現的成就讓他父親早期的考察顯得不足為道。他還沒回到家鄉，英國便盛傳他發現了五千多種雙星、星雲和星群，不論走到哪裡，他都發現自己更受人尊重了。他在南半球的成就完全掩蓋過皇家學會會長落選的挫敗感。地質學家萊爾對這位優秀會員的說法有些諷刺：「想像把好望角的約翰赫歇爾換成皇家學會會長約翰赫歇爾……我也投給他了！希望他能原諒我。」回到英國六個星期後，約翰赫歇爾在維多利亞女皇的加冕典禮上受封為男爵。

BAAS要求約翰赫歇爾在紐卡索舉辦的會議中發表演說支持磁場聖戰。約翰赫歇爾同意了，但加了自己的解釋，堅持天文台的工作也必須包含氣象觀測，因為氣壓和溫度也會影響羅盤的讀數。

在大眾眼中，紐卡索的聚會非常成功，之後約翰赫歇爾和女皇及首相墨爾本共進晚餐時，他又私下提起這件事。薩比恩繼續和海軍部的朋友討論實際的安排，最後在一八三九年三月十一日，南極探險隊終於可以出發了。第二年，以下的地點都建立了磁場觀測站：英國的格林威治；愛爾蘭的都柏林；加拿大的多倫多；南大西洋的聖赫勒拿；南非的好望角；范帝門的土地；印度的馬德拉斯、西姆拉和孟買；新加坡。在接下來的三年內，每個地點每年可以得到兩千英鎊的補助。

磁場聖戰就此揭開序幕。

第4章 同生同變

【一八三九年～一八五二年】

一八三九年的最後一天，約翰赫歇爾在斯勞的家中，鄭重地召集妻子、兒女（目前已經有七名）和管家到花園裡集合。老赫歇爾製造了最大的望遠鏡長達十二公尺，現在望遠鏡安息的時候到了。約翰赫歇爾曾經立志要發揚父親的事業，完成南半球天空的星圖後，他覺得自己已經履行了承諾。在非洲的星空下度過一個又一個漫漫長夜，讓他得了風濕症，他想放棄天文觀測，開始研究最新發明的攝影技術。

全體人員集合後，他們把望遠鏡平放到草地上，約翰赫歇爾引領他們走進望遠鏡一點八公尺寬的鏡筒，然後讀出他為了表達敬意而寫的輓歌，一共有八行。接著工人把鏡筒封起來，拆掉望遠鏡的木架，那木架也曾是約翰赫歇爾小時候的玩具。

在英國，其實應該說整個歐洲，自從老赫歇爾在三十多年前提出他所支持的太陽理論後，現今仍是眾人接受的說法。約翰赫歇爾一手操作，先寫了《天文學專書》公佈父親的理論，後來又在一八四九年修編，改名為《天文學綱要》。雖然他改用當代的科學術語，也很謹慎地避免提到太陽上的居住者，但基本上兩本書都在講父親的太陽理論：我們能看到的太陽表面是一圈厚厚的氣體，裡面包的仍是固體。老赫歇爾口中的橘皮被約翰赫歇爾解讀為毛絨絨的空氣斑紋，有可能是發光的雲層摻雜了透明的氣體。他也說太陽黑子是開口，有可能是龍捲風，露出下面暗色的太陽表面。

平心而論，書中內容並非重複利用老赫歇爾的理論，約翰赫歇爾發明了測量日光強度的方法，這是他的父親曾想過卻做不到的。三十年前，由於缺乏這些讀數，老赫歇爾只得用小麥價格當成太陽射出熱能的替代品。那時他就寫到他需要新的裝置，能夠測出光線的實際量，就像用磅秤和一組砝碼來秤肉的重量。

約翰赫歇爾發明了這個裝置，取名為「光量計」。基本上這是個水球，讓陽光照射固定的時間。之後再測量水溫和水面上升的高度，計算來自太陽的能量。它可以用來比較每天的數據，但無法將大氣條件的變化考慮在內，例如陽光被雲層遮住。住在好望角時，約翰赫歇爾會定時記下光量計的讀數。他也做了一些相當古怪的實驗，例如有一天他把新鮮雞蛋放在錫杯中，杯子上面再蓋了一塊玻璃。過了一會兒，他和妻子及六個小孩回到家，拿出杯子中煮熟的雞蛋，還不小心燙到手。約翰赫歇爾煞有介事地把雞蛋切成小塊分給大家，這樣大家就可以說自己曾吃過被南非太陽煮熟的雞蛋。約翰赫歇爾果然對新開發的烹調技術產

即使放棄了天文觀測，約翰赫歇爾仍對太陽的本質以及對地球的影響程度有興趣。（圖片來源：英國皇家天文學會）

生興趣，一個星期後，他用同樣的方法烹調羊排和馬鈴薯。約翰在日記裡寫道：「完全熟了，而且很好吃。」

《天文學專書》和《天文學綱要》這兩本書都大受歡迎。《天文學綱要》經過約翰赫歇爾兩次校訂後，成為十九世紀最具影響力的天文學教科書，列入學生必讀的書單。注定要在一八五九年目擊太陽閃焰的卡林頓年輕時受到這本書非常深厚的影響。卡林頓來自密德塞克斯的布倫特佛德（Brentford），他在一八四四年進入劍橋三一學院攻讀數學。但經營酒廠的父親希望他擔任神職，甚至送他去和一名叫做布洛賈的教士住在一起。然而，卡林頓熱愛機械技術，到了劍橋後，他學會如何利用科學儀器把自然現象轉換成數字，充分滿足自己天生的才能。之後，數學邏輯帶給真實世界全新的視野。卡林頓升上三年級時，天文學家發現了海王星，以戲劇性的方式證明數學邏輯的概念。值得注意的是，發現者並沒有用到望遠鏡，而是用紙筆和數學公式算出海王星的存在。

天文學家已經追蹤天王星五十多年。每次轉彎的時候，這顆棘手的行星就會偏離預定的軌道，天文學家一直找不出原因。他們認為宇宙中還有另一顆旗鼓相當的行星，用自己的重力把天王星拉離軌道。英國和法國的天文學家都開始計算這個看不見的軌道在哪裡。接下這個挑戰的英國人叫亞當斯（John Couch Adams），在劍橋聖約翰學院擔任研究員，個性羞怯，工作起來不眠不休。他的對手則是在巴黎天文台工作的勒威耶（Urbain Le Verrier），個性狂傲，曾有人這麼描述他：「我不知道勒威耶先生是否真的是法國最令人討厭的人，但我確定他的確是最多人討厭的人。」

這兩人在數字中苦苦掙扎，最後才推論出有可能存在的第八顆行星靠近什麼地方。亞當斯把他的預測結果送到格林威治的皇家天文台。結果又被送回劍橋，成為大學天文台主任查理斯（James Challis）教授搜尋許久仍無結果的主題。

相反地，勒威耶公開他的預測結果，接著他寫信給柏林天文台的加勒（Johann Gottfried Galle）。這位德國天文學家手邊正好有勒威耶認為海王星所在區域的完整星圖。加勒每天晚上開始尋找。透過接目鏡凝視天空，加勒喊出星星的位置，他的學生達赫斯特（Heinrich Lugwig d'Arrest）則對著星圖檢查。過了不到半個小時，加勒描述了一顆不怎麼清楚的星星，達赫斯特驚呼：「這顆星不在星圖上！」他們找到海王星了，位置就跟勒威耶預測的一模一樣。

海王星被發現後，除了造成轟動，也引起流言蜚語。轟動是因為數學賦予天文學家科學上的先見之明。勒威耶利用紙上作業發現了海王星，而不是靠著望遠鏡，望遠鏡只證明了數學計算的效力。從現在起，只要靠著數學上可以預見的論據，就能進行討論。流言蜚語則是因為這份榮耀原本應該歸於英國的天文學家。

重新分析劍橋大學的觀測紀錄後，有人發現查理斯利用亞當斯的預測結果已經看到了海王星，卻誤以為那是一顆恆星。雖然其他人也有失誤的責任，但查理斯成了代罪羔羊。他的專業能力遭到質疑，也有人因為這個錯誤而公開羞辱他。然而，受人貶謫的教授在公開演說時仍充滿魅力，卡林頓也看到查理斯不同的一面。卡林頓去上查理斯的課時，決定要放棄神職事業，繼續鑽研天文學。卡林頓描述自己「天生比較適合包含觀測和機械巧妙裝置的物理科學，不適合為某個團體公開宣揚教條。而且我對這個團體缺乏同情心，也不尊重這個團體的成員」。令人訝異的是，也許是考慮到卡林頓的教養過程，當父親知道他要改變方向時，居然送上無比的祝福。

一八四八年從劍橋大學畢業後，這位年輕人開始擬定計畫。他充滿雄心壯志，希望能擁有世界第一流的天文台：裡面有裝設穩固的望遠鏡，搭配一流的光學設備、精確顯示時間的時計和可以用來測量天體位置及大小的精確性輔助設備。卡林頓原本能運用家族的小部分財產建造天文台，但他認為自己缺乏經驗，一定會「浪費錢或花在不該花的地方」。因此他決定先去現有的天文台找有薪水的工作，學習所有的技能，然後再蓋自己的天文台。

找工作並不容易，劍橋和牛津的天文台都沒有空缺。格林威治的皇家天文台也沒有職務可以給他。很巧合地，杜倫大學十年前成立了天文台，現在需要新的觀測師。卡林頓申請到這份工作，成為擔任這個職位的第四人。

杜倫大學的天文台有一系列的圓頂，靠著私人捐款蓋成，裡面有望遠鏡和某位業餘天文學家用不到而賣給大學的設備。杜倫大學的數學系教授薛瓦列（Temple Chevallier）牧師負責經營天文台，他相信研究天文學可以幫我們證明神授的智慧。想必卡林頓在面試時絕口不提他的宗教觀。

卡林頓住在天文台裡，他利用這個近水樓臺的機會，很快就學會了觀測的技術。夜復一夜他把望遠鏡對著天空，他大多在計算小行星和彗星的軌道，他的修正係數和數學計算填滿了一疊又一疊的紙。他發現時鐘的位置離望遠鏡太遠，無法確實聽到時間一點一滴溜走的滴答聲。他需要時鐘的滴答聲來記錄觀測的時間，因此他在接目鏡上裝了擴音管，好讓自己可以聽到指針的聲音。他對杜倫天文台經度的指定值也有點不滿，將觀測的讀數轉換成正確的位置時，這個值非常重要。經度的零度線應該要連接南極和北極，穿過格林威治的皇家天文台。這條線叫做本初子午線，直到一八八四年這條線才得到世界各國的認可。杜倫大學的天文台雖然靠近這條子午線，但卻不在線上，所以需要套用修正係數，這樣望遠鏡的讀數才會跟格林威治的一樣。卡林頓無法確定估計出來的修正係數是否正確，於是他發明了一種方法來精確地測量杜倫天文台的經度。

卡林頓準備了三個嵌在堅固盒子裡的時鐘，當太陽爬到杜倫天空的頂點時，把時間設成正午。格林威治的鐘也用類似的方法定時，但由於兩地天文台的經度略有差異，鐘上的時間會差個幾分鐘。為了計算杜倫的經度，卡林頓只需要比較在杜倫和格林威治設好時間的鐘。也就是說，他必須帶著鐘去格林威治。於是他帶著鐘坐上火車前往倫敦，一路上小心翼翼。雖然這三座鐘的設計足以抵擋海上的風浪，但卡林頓仍非常謹慎，就怕不小心震到了。抵達倫敦後，他雇了一台四輪馬車，要求車夫避開最崎嶇不平的石子路，繞路前往格林威治。到了皇家天文台，他看到這裡的精確計時器比他的鐘快六分十九秒，而能算出杜倫天文台的位置在本初子午線西邊，距離為一〇九七公尺。

還有其他問題不是這麼簡單就能解決的。當他將自己觀測小行星的結果和牛津、劍橋等地天文學家的觀測結果相比較時，他發現模糊的物體在他眼前稍縱即逝，但別人卻看得到。他覺得很挫折，於是他歸咎於自己使用的望遠鏡實在太差了。然而，卡林頓在天文學界成名的速度有如流星一般，他的觀測結果經常刊登在《皇家天文學會月報》和《天文通報》上，也取得了皇家天文學會的會員資格。

除了夜間觀測，卡林頓也開始觀測太陽。他標出太陽黑子的位置，熟悉這些標記有可能出現的各種型態。他也開始準備遠征去觀看一八五一年的日全食。這一定是令人興奮的一趟旅程。天文學家很看重日全食，因為這時候才能看到太陽外緣如鬼魅般的大氣層。在太陽的強光下通常無法看到這層稀薄的面紗，而在日全食幾分鐘的過程中，天文學家才得以一窺這層面紗奇異的美麗。在幸運之神的眷顧下，卡林頓只要到鄰近的瑞典就可以看到很特別的日全食。

七月十九日，卡林頓登上蒸氣郵輪，前往瑞典哥特堡。上岸後便與來自美國麻州劍橋的哈佛大學天文台的天文學家旁德（G. P. Bond）會合，一起搭蒸氣船前往小埃德村（Lilla Edet）。他們在日全食發生前三天到達，開始探勘地點。日食當天早上，天空烏雲密佈，還下起陣雨。這讓兩人感到非常沮喪，於是他們決定分頭出發，希望能提高看到日食的機會。旁德留在村子附近，卡林頓則走到三公里外位於當地運河旁的石礦場，在前幾天勘查時他就注意到這個地方。

儘管氣候不佳，但找到地點後卡林頓就開始準備工作。當地看管運河的人也深感興趣，知道三個小時內就可以看到日食後，立刻派遣幾名工人幫忙卡林頓架起帳棚和觀測設備。在他們努力的當下，天氣開始轉變，所有的東西在指定的時刻來臨前都已就定位，而天氣也放晴了。

卡林頓把右眼湊到望遠鏡上，看著月球慢慢擋住太陽。他畫下月球完全移到太陽前面這段時間內太陽黑子的位置和外貌。一切看起來都很正常，直到最後五分鐘，情況改變了，詭異的薄暮籠罩大地。這層薄暮不像黃昏時耀眼的玫瑰色，而是令人心神不寧的灰色光線。氣溫驟然下降，然後，就在一瞬間，太陽的光線完全消失了，如夢似幻的日冕出現在眾人眼前。向外延展的淺色光線是太陽直徑的好幾倍長。卡林頓只有幾分鐘的時間可以畫下這些特徵。

在比較靠近月球黑色剪影的地方，卡林頓看到四道粉紅色的火舌從看不見的太陽表面向上繚繞。火舌看起來似乎靜止不動。他換用左眼觀看，確認火舌真的存在，而不是因為右眼出現了幻象。當然，火焰並沒有消失。他畫下眼前的景象，過了幾分鐘，月球移開了，太陽又恢復原有的光芒。卡林頓急忙找了其他一起觀測的人，比較大家的筆記。他收集了這些筆記並用一本他所說「非常不完美」的瑞典文字典翻譯。雖然翻譯品質不佳，但其他人都確定他們也看到了粉紅色的火舌。❶

---

❶ 這不是第一次有人看到日珥[譯註：太陽邊緣的突出物，燃燒的火焰狀或是像耳朵一樣的層圈狀]的紀錄。瓦森紐斯（Birger Wassenius）在一七三三年觀測日全食時也看到了日珥，正好就在哥特堡附近。

到底是什麼引起爆發？他覺得很疑惑。唯一的線索是它們似乎跟太陽黑子成一直線，難道兩者之間有關聯？卡林頓心中充滿困惑地回到了杜倫，發現有份特殊的工作正在等著他。

天文台的台長和管理委員會十分器重他的技能，要求他報告目前的工作狀況。卡林頓直言不諱，痛批天文台裡裡外外的情況和管理的方式，一開始他先批評設立天文台的方式。「在設立天文台時，應該先決定觀測的方針，然後再找到必要的儀器；而不是把天文台和儀器湊在一起，再來想要如何派上用場。」

在設備方面：由業界知名的望遠鏡製造商夫朗和斐製作的一般用途望遠鏡有二點一公尺長，但品質「配不上製造商的名聲」。卡林頓雖然用木桿補強了支架，卻看起來「比較像牛奶凍，不像岩石」。望遠鏡上用來確定恆星到達最高點的子午環很不可靠，有時候會讓恆星周圍出現環狀紋路和「原本應不存在的微小物體」，這表示雜光不只怎地跑到鏡筒裡面了。

卡林頓認為，大多數設備都應該「不計成本」地處理掉。他已經盡可能地用小額費用和自己的才智改善情況，現在該是大筆投資購買新設備的時候了。他捐贈五十英鎊給管理委員會，另外又拿出一千英鎊的家族財產來進行翻新。一千英鎊算是抵押借款，「加上適當的利息」分十年攤還給卡林頓。

這位二十五歲的觀測員又寫了一封信給管理委員會的主席索普（Thorpe）副主教，信中說他的名聲逐漸高漲，無法再繼續使用品質這麼差的儀器。此外，卡林頓個人財務獨立、家境富裕，也讓他不願意繼續屈居人下。他無法繼續和薛瓦列牧師和睦共事。他提出警告，除非在數學系當主任的薛瓦列被摘掉天文台觀測員的頭銜，不然他不得不辭職，自行設立私人天文台。

十一月時，管理委員會召集卡林頓前來開會，過了三個星期又開了一次會。第一次會議結束後，卡林頓認為委員會願意考慮他的想法，但在第二次會議時，委員會實際提出的計畫卻與他的期望有很大的落差。他覺得這些人很卑鄙，決定正式提出辭職。最後他在一八五二年離開杜倫，開始費心尋找設立私人天文台的地點。

❀ ❀ ❀

就在薩比恩上校的磁場聖戰啟動後，參與策劃的科學家發生分裂。薩比恩的主要職責是監督前往南半球的旅程，但現在由於士氣低落，他也利用自己在軍隊中的關係強行徵募陸地天文台的組織。他在倫敦的沃爾維奇兵工廠（Woolwich Arsenal）建立了數學家砲兵連，大家都叫他們「計算機」，並開始從世界各地的觀測站大量地收集資料。格林威治的皇家天文台就是他的下一個目標，令人畏懼的皇室天文學家艾瑞爵士就把寶座設在這裡。

在遊說議會支持磁場聖戰的同時，薩比恩也慫恿馮宏博寫幾封信給皇家學會。這些信件的內容非同小可，裡面詳細說明為何磁場觀測如此重要以及如何建造全球天文網路。皇家學會要求艾瑞仔細研讀提議內容。艾瑞同意磁場觀測是必要的，但強烈反對他們所提議的大英帝國網路規模。他認為這種觀測應該包含在英皇查理二世在一六七五年授權給格林威治的範圍內，當時的主要目的是為了推動航海學。於是在磁場聖戰開始的前兩年，也就是一八三七年，艾瑞轉交了一份比較恰當的建議，在格林威治建造磁場觀測站。他願意免費利用自己的時間監督這項計畫，但他需要更多員工來操作儀器。

艾瑞非常注重效率，因此他為員工安排工作時連最小的細節都會注意到。當艾瑞需要員工在杜倫郡的哈頓煤礦內做實驗以測量地球的重力場時，他為他們的旅程擬定了非常詳細的計畫，包括要搭哪幾班火車和要在哪裡換車，免得員工迷路。甚至在打包科學儀器時他也放了肥皂和毛巾，就怕下屬一離開他的視線就忘了個人衛生。

艾瑞認為操作新的磁場設備會造成員工負擔過重。但政府不同意，只給艾瑞足夠的款項建造木頭亭子和購買必要的設備，這樣格林威治就可以開始提供結果給德國的馮宏博和高斯。亭子是十字形，設於水泥地基上。用木頭建造，並用竹釘固定，以避免鐵釘可能帶來的磁力影響。在一八四〇年完工後，就開始記錄讀數。一般的日子要兩個小時記錄一次，但在馮宏博下令的特定「付帳日」，就要每五分鐘記錄一次，才能提供地球磁力行為的連貫紀錄。

正如艾瑞之前擔心的，為了記下磁力讀數，員工不堪負荷。薩比恩聽到這件事立刻跳出來表示他可以幫忙。但這位上校貪心收集資料的心態激怒了艾瑞，他拒絕了薩比恩的建議。

薩比恩無法在格林威治擴張他的權力，但他看到一個可以超越皇家天文台權威的機會。英皇喬治三世位於寇烏的天文台無人使用，薩比恩建議把這個地方改成物理和氣象學的中央實驗室，和格林威治區隔開來。艾瑞被激怒了，也忘了磁場讀數帶給員工的壓力，他主張新建的磁場亭成效斐然，這表示格林威治可以擴建，達到這個假定中的國家物理實驗室的任何功能。皇家學會商議了薩比恩的計畫，但薩比恩對新機構的貪婪心態令約翰赫歇爾愈來愈厭煩，當皇家學會得到約翰赫歇爾的忠告後，最後拒絕了改建寇烏的計畫。

薩比恩不甘落敗，又轉向發展迅速的BAAS（英國科學促進協會），提出同一份計畫，得到更友善的回應。BAAS於一八四二年取得寇烏，薩比恩便開始把這個地方轉化成英國的地球物理學研究中心。他也贏得接下來六年的經費，在帝國各處進行磁場研究。

在一八五〇年之前，薩比恩蒐集到很多資料。所有可以想到的變化都成為員工收集、製表和繪圖的對象。約翰赫歇爾覺得他們付出太多無謂的努力，稱之為「圖表製作主義」。然而，後來還是看到成效了。薩比恩的某張圖表記錄了每年發生的磁暴次數，另一張則記錄羅盤指針每天變化的平均值。兩者的起伏曲線類似，表示在最多磁暴的年份中，三種磁性元素每天的變化也最大。但真正令人驚訝的是，薩比恩將會看到類似的圖表曲線，而且不是磁場資料。

薩比恩的妻子正在翻譯馮宏博的鉅作《宇宙》。這本書是這位德國博物學家一生心血的集結，儘可能彙整地球的相關資訊和其在宇宙中的地位。在第三冊中，他特別讓讀者看到一般人都忽略的太陽黑子觀察，其中有某些驚奇。

來自德國德紹，從藥劑師轉行當天文學家的史瓦貝從一八二五年以來，只要天氣晴朗，就會從閣樓中的臨時觀測站仰望天空，細數太陽黑子。有時候黑子太多了，他想全部記下來，卻很難記得清楚。一八二八年就是這樣，那時他才開始記錄沒多久，後來一八三七年又出現同樣的情況。在這兩年之間，太陽黑子的數目先減少，然後又增加。到了一八四三年，他已經累積了足夠的資料，發現同樣的型態再度出現。

史瓦貝得到的結論是，太陽黑子的數目以大約十年為一個周期，增加之後又變少。他預測下一次太陽黑子的數目會在大約一八四九年達到頂點，再過五年又會減到最少。他把這些想法發表在德國的天文學期刊《天文通報》上。接下來的每一年，他都會發表太陽黑子數目的年度紀錄，逐漸證明他的預言都成真了。

這是一大躍進。直到現在，太陽黑子仍然很難預測。重複的型態或許就是我們可以藉以了解來源的確據，但除了馮宏博之外，其他人都看不出史瓦貝的結果有什麼重要性。一八五〇年，馮宏博在《宇宙》中刊出史瓦貝最新的表格，確保有更多人可以看到。

薩比恩看到表格時，立刻識別出基本的型態。他比較了太陽黑子和磁暴的數目變化，發現這兩種現象同生同變。他再比較太陽黑子周期和磁性元素每日變化的平均值。兩者彼此之間也有關聯。這一定是個令人覺得昏亂的發現。當太陽黑子的數目變多後，地球上羅盤磁針受到的干擾也會跟著升高，地球上也更有可能發生磁暴。

薩比恩的妻子把完成的翻譯送給出版商時，他也急忙通知皇家學會關於太陽黑子和磁暴之間的關聯。他立刻寫了一篇相關主題的文章發送出去。在會議上朗讀文章必須先通過皇家學會的檢查，在等待的這段時間，他接到約翰赫歇爾的來信。約翰赫歇爾忘了過去跟薩比恩的口角，他剛收到一本已經出版的《宇宙》，也注意到馮宏博提到了太陽黑子周期。約翰赫歇爾承認自己之前從沒想過這個主題，他覺得古怪到了極點，並提出問題：「什麼可以決定太陽的這種周期性呢？」

薩比恩克制不了自己。他回信給約翰赫歇爾：「關於史瓦貝的十年周期，一八四三年的太陽黑子最少，一八四八年最多，其中的巧合真是古怪極了（如果真的是巧合）……我也追蹤到同樣的年份……」，然後他描述自己蒐集到的類似變化的磁場資料。

約翰赫歇爾被史瓦貝和薩比恩之間的關聯性吸引住了。很明顯地，地球受到某種外來力量支配，可能是磁力，也有可能來自太陽。難道太陽是一塊大磁鐵嗎？太陽黑子是否由磁力造成？如果答案是肯定的，要怎麼才能證明呢？同樣的磁力如何能穿越太空而影響地球？

約翰赫歇爾寫信給人人稱讚的實驗主義學家法拉第（Michael Faraday），法拉第這時正在研究電力和磁力的關係，約翰赫歇爾的信上說：「我們正要揭開宇宙中的一大奧秘，迄今所能想到的東西都無法望其項背。」

第5章 日夜運作的天文台

【一八五二年～一八五八年】

卡林頓花了三個月的時間尋找地點，建造夢想中的天文台。一八五二年六月，他選定了金雀花丘（Furze Hill），一塊在薩里郊外發展區的土地，並買下租賃權。離此最近的城市是瑞得希爾，來回倫敦與布萊頓的火車會停在這裡，他要去倫敦也很方便。

靠著家中從事釀酒的收入，卡林頓雇用建築工人開始動工。這裡不但是他的天文台，也將是他的住家。他自己負責監工，計畫要蓋三層樓的宅邸，有外凸的窗戶和人字形屋頂。房子面向南邊，東翼就是天文台的位置。東翼的寬度增加成兩倍，在最遠的那一頭還有高高的圓頂。到了七月底，建造工作大體上完成了，卡林頓開始準備天文台的設備。他訂購了最先進的望遠鏡，搭配直徑十一點五公分、品質最好的望遠鏡，由英國最棒的望遠鏡製造商特勞頓與西姆斯（Troughton and Simms）製作。這支望遠鏡叫做「赤道」望遠鏡，因為它能夠平行於赤道轉動，也能上下轉動。因此能夠指向夜空的任何地方。這支望遠鏡會放在圓頂下方。

觀測廳中間的屋頂有活動開關，就像建築物被巨人割了一片下來。這裡會放「子午環」或子午線望遠鏡。卡林頓依舊向特勞頓與西姆斯訂購，當恆星穿過子午線這條南北穿過卡林頓新家的想像線條時，他會用這支望遠鏡來查看準確的恆星位置。不同於赤道望遠鏡可以多方向轉動，子午線望遠鏡會固定在對著子午線的點上，不過它可以上下移動來察看不同高度的星星。

杜倫天文台搖搖晃晃的子午環所造成的問題仍清楚印在卡林頓的腦海裡，因此每個施工過程他都親自監督。望遠鏡支柱的地基足足挖了一點五公尺深，用石頭和水泥夯實。上面放了一片十三公分厚的石板，並精確地鋪平。等到滿意後，他才允許工人搭柱子。柱子就像立起的巨

卡林頓在薩里的瑞得希爾建造了鄰接天文台的宅邸。這就是他目擊太陽閃焰的地點。（圖片來源：英國皇家天文學會）

大岩石，相隔零點九公尺，這樣長度一點五公尺的子午線望遠鏡在中間轉動時才能保持穩定。旁邊則放了按科學方法校準的時鐘。

卡林頓也為天文台的助手建造住所，並雇用西蒙斯（George Harvey Simmonds）擔任這個職務。管家住在宅邸三樓的閣樓裡。設備和員工都就定位後，卡林頓開始最困難的工作，就是要精確地調整天文台及其設備。如果要得到有用的資料，他必須了解望遠鏡確切的特性，才能修正製造過程中一定會產生的誤差。等到所有的東西都經過校正後，他計畫開始編纂天空最北邊區域的星圖，這是大型天文台一直忽略的區域。

卡林頓進行準備工作的同時，薩比恩推論出磁場干擾和史瓦貝德太陽黑子周期之間的關聯性，消息傳遍了天文學界。瑞士一位天文學家沃爾夫（Johann Rudolph Wolf）的成果也跟著出名。沃爾夫在伯恩大學工作，他對照了先前天文學家留下的太陽黑子紀錄，企圖把史瓦貝的周期往回推到伽利略第一次用望遠鏡觀察到太陽黑子的時候。他設法找到史瓦貝周期可以回溯到一七五五年的證據，讓他可以把史瓦貝粗估約十年一次的周期修正為每個周期平均是十一點十一年。然而，一七五五年以前的觀測紀錄幾乎逐漸變少。似乎那幾年的太陽黑子不多，或者沒什麼人進行觀測。

卡林頓注意到十一點十一年這個數字。他深信宇宙的基礎都是合乎邏輯的準則，而不是反覆無常的變化。在沒有留在家裡調整望遠鏡的日子，他就會前往倫敦在皇家天文學會的圖書館裡研讀太陽觀測的結果。看到之前的天文學家留下的成果，他的希望立刻破滅，因為這些觀測結果根本沒顧慮到位置的正確度。不同的觀測家似乎選擇不同數值的太陽自轉周期。他們對太陽的赤道與旋轉軸的傾斜似乎也意見不一。就算卡林頓找到了不錯的觀測紀錄，但他卻無法苟同天文學家進行觀測時的隨便態度。

因此卡林頓下定決心，除了利用剛蓋好的天文台來編纂北方天空的星圖，他也要仔細研究太陽黑子。他的所有時間都會用在這裡，晚上有系統地收集星體的位置，白天則運用想像力來探索太陽黑子的意義。

一八五三年十一月九日，他轉開圓頂上的百葉窗，把赤道望遠鏡對著太陽。今天他不從接目鏡觀看，反而把一塊膠畫板小心放好，讓太陽明亮的影像落在這塊臨時螢幕上。他再把一對金屬線固定在接目鏡上，好在影像上投下對角線的陰影，接著就開始畫下他看到的景象。地球轉動時，太陽的影像也會在視場上移動。他記下每個太陽黑子通過靜態十字線所需要的時間，這樣之後就可以用幾何學把時間轉換成太陽的經緯度。記錄了一次之後他覺得不滿意，便重複計時至少兩次以上，才能算出更準確的平均值。他的意念堅定，這次的研究一定要徹底。他就像史瓦貝一樣堅忍不拔，接下來的十一年裡，只要天氣晴朗，他就要記錄太陽黑子的外觀和位置，這樣才能親眼見證史瓦貝的太陽黑子周期。

一八五四年，卡林頓終於把子午環調校到完美的程度，他和西蒙斯便開始製作北方天空的星圖。不進行觀測時，他們就專心於累人的數學書寫計算，如此才能把觀測到的星體轉化為正確的位置。

天文台正式開始營運後，沒有多久時間，卡林頓就被認定是英國最偉大的觀測家之一。約翰赫歇爾和艾瑞爵士都十分看重卡林頓的觀測技能。有一次格林威治的資料出現了奇怪的錯誤，艾瑞還請他幫忙調查。這位皇室天文學家說，感覺就像格林威治所在的小丘整個移位了，星體的位置也跟著改變。卡林頓立刻找出原因，這是因為望遠鏡日夜熱脹冷縮而導致資料不一致。他自己的望遠鏡也出現過同樣的問題，也學會利用數學計算來修正。

到了一八五五年，顯然史瓦貝預期的太陽黑子最小期已經到了。約翰赫歇爾趁機遊說卡林頓改用剛起步的攝影技術進行太陽觀測。他認為簡單的照相可以取代好幾個小時坐在望遠鏡前繪圖和計時。然而，卡林頓堅持太陽黑子的紀錄要保持一致，既然他已經開始了，就不願中途改變方法。他估計要花三年的時間發展太陽攝影望遠鏡和精進操作技巧，拍下的太陽黑子才能跟他畫的一樣準確。誰知道這三年他又會有什麼重大發現呢？

因此，約翰赫歇爾將他的攝影壯志轉向薩比恩的寇烏天文台。他發現，要說服將軍開發可以拍下太陽黑子每天照片紀錄的望遠鏡，相較之下比較容易。因為有了這種裝置，薩比恩不需要仰賴別人提供的資料，就能直接監控太陽黑子和磁暴之間的關聯。薩比恩欣然接受，並找來富商德拉魯管理太陽照相儀的開發。德拉魯家族從事印刷事業。他本人也是小有名氣的業餘天文學家，對早期的月亮攝影術也很有興趣。改變紀錄太陽影像的方法與德拉魯喜歡創新的個性相符合，於是他便投入這份工作。

卡林頓繼續手工繪圖。他花了很多時間研究滾動的太陽表面，這讓他更熟悉太陽的特質和習性。尤其，在繪製太陽黑子錯綜複雜的細節時，更讓他確定赫歇爾父子雖然名聲顯赫，但想法完全錯誤。太陽黑子不是太陽表面的缺口。看得愈仔細，這些黑暗區域就愈加複雜。黑子不可能只是讓我們看到太陽內部的開口；它們有很獨特的構造。比較像是浮在太陽大氣層上的黑色區塊。

到了一八五六年，日夜進行觀測帶來的疲累終究要讓卡林頓和西蒙斯付出代價。剛開始只要天氣晴朗，不管是星期幾，西蒙斯都會在晚上工作，後來他要求星期天放假。卡林頓同意了，但他自己仍繼續進行觀測。終於，連卡林頓都想休息，好好放個假。他花了兩個星期的時間參觀德國及其周邊地區，旅途中盡可能安排去參觀其他的天文台。他尤其想去拜訪史瓦貝。

卡林頓抵達德紹，發現天文台在市中心。乍看之下這似乎是最不適合進行天文觀測的地方。更奇怪的是，聖約翰尼斯街上的這個住址只是一棟普通的住宅。六十七歲的史瓦貝圓臉且頭頂漸禿，他出來迎接卡林頓，帶領他登上頂樓。小小的閣樓大約長三點六公尺、寬三公尺，從窗戶看出去，可以看到周圍房子的屋頂，就在這裡，放了一支壯觀到了極點的夫朗和斐望遠鏡。望遠鏡指向一扇向南的窗戶，正午的太陽光從窗口湧進來。令卡林頓著迷的深奧理論就是從這簡陋的觀測站產生的。

過去三十一年來，史瓦貝每天都爬上閣樓，記錄太陽黑子的數目。平均來說，每年可以觀測到太陽的日子大約有三百天。他給卡林頓看他的觀測紀錄：約有九千多次觀測結果，四千七百多個太陽黑子，都寫在這本裝訂成冊的筆記本上。除了結果和數字，史瓦貝也畫下他覺得比較不一樣的太陽黑子。他說，發現了太陽黑子周期以後，他自比以色列的開國君王掃羅，只是出門尋找父親走失的驢子，卻發現了一個王國。然而，他還有一個難題沒有解開。他承認他一直無法正確推論出太陽的旋轉速率。

當這兩位天文學家討論各自的太陽觀測時，卡林頓發現史瓦貝也不太贊同太陽黑子是開口的說法。當太陽黑子靠近太陽的邊緣時，大家都知道它們看起來就像凹洞，老赫歇爾在一七九五年聲明他觀察到這樣的現象，但他卻忘了提到威爾森早在四分之一個世紀前就已經發表過這個想法。史瓦貝和卡林頓討論到他們的觀測結果顯示出每個黑子凹陷的程度都不一樣。這個發現很有意義，因為如果太陽黑子真的是太陽表面黑色的開口，那它們應該有相同的深度。

卡林頓告別了史瓦貝，史瓦貝專心投入的態度和所得到的成就給了他很大的鼓舞。返回英國後，卡林頓在皇家天文學會的聚會上講述此次旅行的經過，並要求學會正式認可史瓦貝深具意義的工作。第二年，史瓦貝被提名並贏得一八五七年的金質獎章，這是皇家天文學會的最高榮譽。

當時的皇家天文學會會長是牛津大學雷德克里夫天文台主任強生（Manuel Johnson），在宣布獎章得主時，他讚美史瓦貝永不磨滅的熱誠和從不減退的努力，並說：「憑一己之力揭露兩百年來天文學家從未察覺的現象。」那一年，卡林頓和德拉魯共同擔任皇家天文學會的幹事，後者在寇烏天文台繼續進行太陽攝影的實驗。配合卡林頓的新身分，他再度前往德國拜訪史瓦貝，親自送上獎章，獎章上面的圖案類似老赫歇爾那支長達十二公尺的望遠鏡。[1]

這一年對卡林頓來說也是顯著的一年，因為他花了四年繪製的北方天空星圖終於完成了。雖然觀測工作在一八五六年就已經完成了，但他又花了一年的時間做數學計算。卡林頓估計有五分之三的工作是由西蒙斯完成，他非常感激西蒙斯付出的努力，並在星圖的簡介中稱他為「我的好友西蒙斯」。然而，西蒙斯不久之後就離職了。

星圖對航海的重要性立刻受到肯定，海軍部決定用公款出版。卡林頓也因此在天文學界奠定名聲。現在的他真的很有成就，不再只是大有可為的後起之秀了。

但他並不安於已有的成就，又開始尋找新的助手，對太陽觀測重新燃起熱情。長久以來科學家還沒解出太陽的旋轉速度。在蒐集之前的太陽黑子觀測紀錄的過程中，他發現太陽旋轉周期的測量值介於二十五到二十八天之間。他相信他的瑞得希爾望遠鏡所觀測到的資料可以幫他更準確地算出時間。

他推論，當太陽黑子出現在太陽的南北半球，且受到太陽旋轉力量的推動時，它們的移動的方向就會和太陽的赤道平行。唯一的問題是，太陽黑子被太陽的旋轉推動時，本身是否會改變位置。為了避開這個可能的問題，他需要更多觀測太陽黑子的資料，才能平衡太陽黑子個別的位移。他決定摒棄大量或零散的黑子群，因為它們每天都會改變外觀，很難精確地決定中心點。他只選擇形狀最圓、最清楚、最不受到其他黑子影響的太陽黑子，然後核對結果。

如同往常一樣，他花了好幾個月的時間進行計算，但到了一八五八年，他才明白為什麼之前的結果會出入這麼大。這跟望遠鏡的準確度沒有關係，而是因為在高緯度的太陽黑子移動速度比靠近赤道的慢。所以早期的觀測者可能比較了不同緯度的太陽黑子的轉動。

卡林頓向皇家天文學會報告他的結果，他解釋，太陽的轉動和固體圓球不一樣，赤道轉一圈只要二十五天，可是中緯度卻需要多加三天。太陽平均的旋轉速度大約為二十七天。這種「差速自轉」就是證明太陽是一團氣體的強力證據，因為固體無法用不同的速度旋轉。當卡林頓向皇家天文學會提出報告時，他並未提出他的觀測結果將挑戰赫歇爾父子認為太陽是固體的

❶ 直到今日，老赫歇爾十二公尺的望遠鏡仍是皇家天文學會的正式標誌。

看法。他希望別人能從觀測結果推論出必然的結論。事實上，大家都看出來他儘量避免提出理論，寧可專心從事自己最擅長的觀測工作。

到皇家天文學會報告的那一天，他不想提出一個充滿潛力的發現，他要再三確認結論後才願意發表。他已經注意到，太陽黑子不會出現在任意緯度。在太陽黑子周期一開始時，黑子的數目最少，它們都出現在高緯度。隨著周期繼續，更多的黑子出現，它們出現在更接近赤道的低緯度地區。南北半球的情況如同鏡像是相對的。對史瓦貝的太陽周期來說，這個發現可能非常重要，因此卡林頓決定等到他分析完全部的資料之後再行公開。不過他一直等不到這個機會。

七月時，卡林頓六十二歲的父親驟然去世。卡林頓立刻寫信給格林威治和杜倫的天文台，懇求他們在他安排父親葬禮時幫他繼續觀測太陽黑子。回到布倫特佛德的釀酒廠時，他發現除了自己，沒有其他人能繼承家族事業。他的母親和精神異常的弟弟大衛都需要有人照顧。卡林頓只得一頭栽入經營酒廠的工作，沒有時間進行天文研究。

到了十一月，他仍無法提出充足的證據來證明新生太陽黑子所在緯度的飄移現象。然而，他再也無法拖延了。德拉魯的太陽照相儀已經發展純熟，開始每天在寇烏天文台拍攝照片。在英國和歐洲各地，研究太陽的天文學家如雨後春筍。雖然卡林頓起步較早，但酒廠的工作會讓其他人很快就能追上他了。在皇家天文學會的月會上，他簡單報告了自己的疑慮，也對無法提出完整證據向會員道歉。而他害怕競爭對手追上來的恐懼很快就成真了。

幾年後，德國天文學家施波雷爾（Gustav Spörer）發表了同樣的結論，並分析大量獨立取得的資料來證明。當太陽黑子周期繼續時，會從高緯度到低緯度飄移，很快地就成為眾人公認的法則，這也就是所謂的施波雷爾定律。雖然卡林頓是第一個發表這個理論的人，但施波雷爾充足的證據讓他有權利把自己的名字和這個現象連在一起。

失去獲得榮譽的機會，卡林頓不得不面對殘酷的事實。除非他能同時擔任科學家和酒廠主人的角色，不然他的天文學家生涯就要結束了。

第6章 完美太陽風暴

【一八五九年】

要適應新的現狀對卡林頓來說是不容易的。他的寡母搬到瑞得希爾居住，他則在倫敦和酒廠兩地之間通勤。由於酒廠事業的束縛，他只能盡可能撥出時間來進行觀測。他也繼續在皇家天文學會和德拉魯一起擔任榮譽幹事，這項職務讓他在天文學界受人尊敬，但也佔據他大部分的時間。

不久之後，他被迫必須把一些觀測工作分派給助手。如果他最信任的西蒙斯還在，把天文台委託給別人看管或許就不會讓他這麼焦慮，但自從西蒙斯離開後，卡林頓一直找不到適合的人來取代。新找的助手都達不到西蒙斯的標準。因此，大部分需耗費時間的數學工作只好由卡林頓自己負責，他也盡可能處理觀測工作。他愈來愈沮喪，研究工作一落千丈，無法按時完成。

一八五九年三月，他聽說牛津的天文學家強生突然去世，得年五十四歲，雷德克里夫天文台一個待遇不錯的職位就空出來了。一聽到這個消息，卡林頓就決定應徵這份工作。一旦回復到全職的天文學工作，就有數學家員工可以利用，這樣他就能把釀酒廠賣給出價較高的人。問題是卡林頓必須離開心愛的瑞得希爾，並且在雷德克里夫天文台的管理委員會召喚他時就必須到場；就像當年在杜倫的情況一樣。

他寫信給約翰赫歇爾，分享自己的想法並懇求這位六十七歲的科學家作他的擔保人。他寫道：「要我離開瑞得希爾，就像要阿拉伯人離開他最心愛的牝馬，我不知道我們能否分開。」但他找不到其他的解決方法。他希望約翰赫歇爾給他信心，一個有教養的男子居然放棄自己的事業去當雇員，這似乎很奇怪。「在這個大城市裡，一個男人為了收入不多的天文學而放棄收入豐厚的事業，一定會遭人誤解。」但在得到這份工作之前，他不想和別人討論他的意圖，以免有人質疑他的名聲和判斷能力。

在可以尋求幫助的人之中，約翰赫歇爾應該最能同情卡林頓的處境。約翰赫歇爾放棄科學事業後，就在財政部擔任鑄幣司司長。這份艱鉅的工作讓他不快樂，也徹底削減了他研究科學的能力。約翰赫歇爾只好在一八五五年退休，重拾探索自然世界的工作。

有了約翰赫歇爾的支持後，卡林頓寄出應徵函並等候回音。好幾個月過去了，他沒有聽到什麼消息。那份工作仍無人擔任，牛津天文台的工作接近停擺。同時，卡林頓仍在瑞得希爾辛苦工作，還不知道一八五九年會成為他名聲大噪的一年。

首先，卡林頓得知自己的堅持不懈即將得到回報，他將得到這一年的皇家天文學會金質獎章。理由是他只花了三年時間就編纂出了含有三千七百三十五顆星的壯觀星圖。然後到了夏末，在記錄當天的太陽黑子時，他看到了太陽閃焰，那天晚上完美的太陽風暴橫掃地球，磁性效力讓極光籠罩大地。

卡林頓已經是世界公認的太陽專家之一，這項非凡的發現讓他贏得「太陽王」的稱號，之後也被選為皇家學會的會員，提名他的人都是維多利亞時代天文學界的名人。包括皇室天文學家艾瑞、約翰赫歇爾、第三任羅斯伯爵（他正在建造巨大的望遠鏡，要和老赫歇爾的十二公尺望遠鏡媲美）、保守的劍橋理論學家亞當斯（他斷言海王星的存在，卻未得到重視）、鼓勵卡林頓進入天文學界的查理斯、老朋友德拉魯、以及包括創始童軍活動的貝登堡（Baden

Powell）在內的其他十五個人。

卡林頓的事業原本應該走到了高峰，但他卻覺得自己應該全心投入天文學。某些人只把天文學當作休閒活動，但卡林頓充滿熱情，如果不全心投入就覺得不滿足，他不斷努力，想在商業生意和科學之間找到自己的平衡點。

釀酒廠唯一的優點就是離寇烏天文台不遠，德拉魯在寇烏鑽研太陽攝影技術也有不錯的進展。九月初的某個早晨，卡林頓在經營生意的途中渡過泰晤士河，穿過寇烏植物園（這裡有來自帝國各處的植物樣本，放在外形類似教堂的溫室中培養），走上長長的車道，進入明亮的天文台白色建築物。

對寇烏天文台新上任的主任斯悌瓦特（Balfour Stewart）而言，卡林頓的造訪及他對太陽閃焰的描述正是關鍵時刻。他認為磁性變化與卡林頓看到閃焰的時間點吻合，這清楚地表示太陽透過磁力影響地球。當斯悌瓦特之後向皇家學會呈現描摹時，他說在記錄信號時，「發光的天體被當場捉住了」。然而，要了解兩者關聯背後的機制一點也不容易。

卡林頓的閃焰出現前後都發生了強烈的磁暴。根據格林威治標準時間的紀錄，第一次開始於八月二十八日午夜，第二次則在九月二日黎明前的幾個小時。這兩次磁暴的描摹讓之前的磁力變化看起來微不足道，磁性也發生嚴重的混亂。

斯悌瓦特相信這三次事件一定有某種關係，他開始從世界各地的磁場觀測站收集資料。所有其他觀測站都有這兩次磁暴的紀錄，但沒有其他觀測站看到和閃焰一致的微小變化。這是因為大多數觀測站都靠觀測人員每隔一小時或固定時間人工測量讀數。的確，如果沒有攝影紀錄裝置持續運轉，寇烏的工作人員也會錯過這微小的磁力變化。斯悌瓦特認為這其中的科學潛力非常驚人。他寫了一篇相關的論文給皇家學會，他寫道：「……如果發光天體表面上的這些斑點（或和這些斑點有關的活動）真的是磁力干擾的主要因素，由於太陽的研究目前是觀測人員最喜愛的主題，則可以期望不久之後，這兩項偉大現象之間存在的確切關聯也會有更明確的定論。」

斯悌瓦並不是唯一一個被這些磁暴吸引住的人。

在美國，紐約大學的數學及自然哲學教授羅密士（Elias Loomis）[1]正準備前往耶魯大學研

[1] 羅密士在氣象學上早期的嘗試之一，就是用非常可怕的方法來估計龍捲風的風速。牧場上常出現這樣的情節：不幸被龍捲風捲入的雞隻，通常全身的羽毛都被剝光了。一八四二年，羅密士選了幾隻更不幸的雞來做實驗。他先殺了雞再把屍體從大砲中發射出去。他的想法是：使用不同份量的火藥，推動雞隻的速度就不同，然後再檢查每隻雞留下多少羽毛。但實際情況跟預期不一樣。他寫道：「我的結論是，用這種速度射到空中的雞完全被撕碎了，雞飛出去的速度是每小時五百四十九公里，所以龍捲風的風速應該小於這個速度。」你可以批評他的方法，但你無法指責他的推論。

究氣象學這門新科學，但八月二十八日出現的極光規模前所未見，吸引了他的注意力。親眼看到極光出現後，他立刻領悟到這次事件的重要性。他在《美國科學和藝術期刊》上發表文章，要求大家提供極光或磁暴的觀測紀錄，還有對電報線路的影響。回應有如洪水氾濫。羅密士自從五年前妻子茱莉亞去世後就離群索居，他篩選目擊者的報告，並掌握了卡林頓的閃焰在世界各地造成災難的驚人情形。

八月二十八日，約從晚上六點半開始，美國波士頓州街辦公室內的電報線路全都故障了。在其他的辦公室裡，磁暴的攻擊更加猛烈。在麻州春田，電報設備爆出巨大的火花，打到旁邊的金屬架上，當天晚上所有的通訊當然都失效了。電弧持續良久，導致辦公室裡充滿了燒焦的木頭及油漆味道。

在賓州匹茲堡，當極光的電流就要毀壞設備時，操作員急忙斷開線路上的電池。斷電過程中不只出現了火花，儀器周圍更冒出了「火流」，精密的白金接觸器面臨融化的危險。操作員靈巧地切斷電源，挽救了接觸器，但設備已經熱到燙手了。華盛頓特區的電報操作員羅伊斯（Frederick W. Royce）就沒這麼幸運，強烈的電弧向上跳起，打到他的前額，把他打昏了。雖然他很快就復原了，但這表示磁暴也有可能致人於死。

操作員一整晚都忙著傳訊出去。他們能期待的，就是在令人恐懼的強大電流再次控制設備前，這三十到九十秒的時間。除了在這短暫的時間內能正常操作外，線路上的電流不是完全消失，就是強烈浪湧使得用來敲打訊息的電樞被磁力緊緊抓住而動彈不得。線路恢復正常時，能進行的業務也不多，因為操作員正忙著和遠方的同事討論這天晚上前所未見的景象，主管也忙著記錄設備的異常狀況，無暇檢查確認有多少訊息被送出。

所有工作人員都知道較長的線路最容易出現干擾電流，但這天晚上，連比較短的線路也受到影響。從波士頓市中心到哈佛大學天文台的線路只有五公里，但外來電流的影響卻非常明顯。電報操作員知道這種電氣干擾是伴隨極光而產生，很多人一定也想知道天上的光芒是否會和干擾一樣強烈。他們的期待並沒有落空。

極光的版畫，用來說明羅密士一八六九年在《哈潑新月刊》雜誌中發表的一篇文章。（圖片來源：本書作者克拉克的私人收藏）

晚上六點之後電報立刻中斷，雖然還不到黃昏時分，但極光的玫瑰色澤立刻佈滿天空，當天色暗下來之後更加明顯。在麻州的紐伯里（緯度四十二度四十八分），東方的極光比西方的日落更加明亮，在密西根州的馬奎特（四十六度三十二分），白色的極光在地平線上如潮水般湧出，到了天頂又變成「毛絮般的深紅色煙霧」。在加拿大的格拉府登（四十四度三分），雞群誤將極光當作晨光而高聲啼叫。在威斯康辛的綠灣（四十四度三十分），有一位叫安德伍的男性對極光秀做出下列完整的描述：

極光出現在北方的天空，但直到晚上九點才吸引眾人特別注意。八點過後不久，天空開始變紅，變成近似血紅色。不久光線從地平線的四面八方向上射出，並在天空中央匯集成一個大的發光體。天頂的顏色最為強烈。光線不斷地從地平線各處往上射出，顏色也一直改變。這些光線散發出一種強烈的紅光，持續了大約半個小時，南邊和北邊的光線慢慢變弱，但東邊和西邊的光線持續發光，到了晚上十點才開始變弱。白色的閃光出現其中，它們從地平線向上射出，前仆後繼，猶如光海上的波浪。當紅光消失後，白光變得更亮，當一切結束後，白光也慢慢消失。

在佛羅里達的西嶼（二十四度三十三分）也出現同樣的情景，火紅色的光層覆蓋了北方的天空。在巴哈馬群島的伊納瓜（二十一度十八分），類似的紅色天空引起人心惶惶，以為附近地區發生了大火。

雖然光線在午夜之前就從空中消退，但當晚的極光秀還沒結束。電報系統仍未恢復正常運作，八月二十九日凌晨，天空又再度變成震顫的發亮碗狀。佛歇（C.G. Forshey）教授那天晚上原本已經睡了，因為他認為光線消退就表示極光秀即將結束。而他恰好在凌晨三點醒來，「感覺外面很亮，起身後看到整個北邊的天空又像著了火一樣。」

在印第安那州（四十度）亨利公司上班的道森（William Dawson）親眼看到第二回合開始：

約莫午夜時分，一朵烏雲點綴著白色耀眼的光帶，停留在北方地平線上，接著突然向外爆發紅色、紫色和白色的閃光，射向天頂南邊十五或二十度的方向，閃光看起來宛若雲霧，染上朱紅色（原文如此）和紫色。到了十二點半，三分之二的天空佈滿了耀眼的光流……

這新一波光芒據很多人描述有如月光一樣，他們可以看得到報紙上比較大的字體。在麻州的紐伯里，第二回合極光秀的亮度令星星也黯然失色。在加州的沙加緬度（三十八度三十四分），「整個北邊的天空……似乎成了著火的穹頂，由不同顏色的光柱支撐，被黑暗的陰影襯托得更加顯目」。

在英國，八月二十八日晚上十點三十分當極光開始侵襲時，整個土地早已籠罩在深沉的夜色中。當寇烏的磁鐵跳起，鮮豔的紫色光弧畫過天空，配上強烈的紅色和橘色光帶及光幕。歐洲各地傳出的說法都一樣，極光非常耀眼，電報通訊完全癱瘓。只有希臘雅典（三十八度兩分）倖免於攻擊，雖然天氣晴朗，卻沒有人看到極光。很多地方直到天亮極光才消失。然而，電報系統卻一整天都無法恢復正常，證明地球的大氣層仍充滿了電力和磁力。

當北極光厚厚覆蓋北半球時，南半球也出現狀況。在澳洲，根據雪梨天文台（三十三度五十二分）的極光紀錄，南方的天空出現了明亮的紅光。有位天文學家因完全錯過這場極光秀而懊悔萬分。八月二十八日極光出現時，一位在智利天文台擔任助手的天文學家舒馬赫（Richard Schumacher）正在鄰近合恩角（南緯五十七度）的船上，當時他在床上睡得香甜。第二天早上聽到水手聊天時，他哀求同伴如果極光再出現，一定要叫醒他。九月二日凌晨，舒馬赫從睡夢中被人叫醒。極光又出現了。

自從八月二十八日和二十九日出現極光後，寇烏天文台和世界各地磁場觀測站的科學家就一直監視地球磁場不穩定的節奏。他們知道不管發生了什麼狀況，現在還沒結束。在九月一日和二日晚間，在卡林頓看到閃焰之後，極光再度爆發，這一次更加盛大，也比八月二十八日和二十九日出現的持續更久。

在猶他州阿巴約山（三十七度）的營地，紅光射進紐貝里（John S. Newberry）博士的帳篷，把他驚醒了。走到外面，他看到天空被明亮的深紅色包圍，白光和黃光聚集在天頂。在阿拉巴馬州的卡豪巴（三十二度二十五分），色彩波動就像在風中飄揚的巨大三角旗。在俄羅斯（緯度五十九度五十六分）的聖彼得堡，磁力變化極度異常，所以平常每個小時測量一次讀數改成每五分鐘測一次。在九月一日到三日之間，俄羅斯的磁力設備被磁暴的力量摧垮，完全無法進行測量。世界各地磁力觀測站的說法都一樣；[2]暴增的磁力超乎儀器能夠讀取的範圍，因此只能粗估磁暴的最大強度。

對電報操作員來說，下一個混亂危險的日子可能隨時來臨。有些人決定反擊。普雷斯科特（George B. Prescott）在波士頓州街的電報局擔任主管。一八四七年他第一次聽說極光會影響電報線路，然後自己也在一八五〇年目擊一些微弱的影響，而這十年來只要極光出現，他就會仔細記下發生的情況。一八五一年，他第一次看到極光佔領線路時的強力展現。一年後則親眼目睹了危險的情況。他工作的地方使用班恩電化學法記錄傳入的訊息。這種方法使用的紙要先泡在混合了鉀、硝酸和阿摩尼亞的溶液中。泡過的紙張對電力非常敏感，正極性會分解紙上的化學物質，留下一個藍點，而負極性則會漂白紙張。一八五二年二月十九日的傍晚，普雷斯科特看到紙張上出現一條藍線，表示穩定的電流正通過電線。當電流逐漸增強，線的顏色也愈來愈深，直到紙張起火燃燒。在與充滿化學物的煙霧搏鬥中，普雷斯科特把火熄滅，並看著電流減弱。但電流並未在歸零時停止，反而繼續增加負極性，直到再度起火。

在一八五九年八月二十八日和二十九日觀察極光的影響時，普雷斯科特注意到在浪湧之間，極光的電流強度通常和電池提供的電流強度不相上下。於是他想到一個計畫。電報線路兩端各有一個電池。電池連接地面，並透過指控式的電樞連接電線，電樞是電路的開關。把電樞上下撥動，電力就通過電線。當極光在上空時，電線上的電力是持續不斷的。他想，為何不乾脆切斷電池，利用詭異的電流呢？他急忙將這個想法發表在八月三十一日的《波士頓日報》上，但沒想到馬上就有機會測試了。

---

❷ 雖然一八四九年薩比恩將軍的磁場聖戰早已耗盡英國政府的資金，但還是有很多人靠著私人和地方政府的資金繼續進行研究。

九月二日開始營業時，由於磁暴的關係，線路幾乎都無法使用。按著普雷斯科特的建議，波士頓的操作員要求波特蘭的操作員切斷電池，把電報線路透過電樞直接接到地上。波士頓的操作員也如法炮製，然後傳送訊息：「我們正在用北極光的電流傳送訊息。您收到我的訊息了嗎？」

波特蘭的操作員回應：「非常清楚，比接上電池的效果更好。電流變化不大，磁鐵也更穩定了。我想在極光消退前，我們就繼續這樣工作吧？」

波士頓的操作員回答：「同意」，接著開始傳送當天的急件。世界各地的操作員也得出相同的結論。

熟讀過這些各種報告後，羅密士發現極光跟磁暴都是全球事件。它們差不多同時間出現。他在地圖上畫下極光的位置，發現北半球的極光秀出現的地方形成一個寬闊的橢圓形，傾斜於地球的自轉軸，但傾斜的角度使它正好環繞位於加拿大北極圈內的磁北極。傾斜的極光橢圓形包含北美洲和西半球的熱帶地區，但不包含東半球的熱帶地區。雖然來自南半球的報告比較不完整，但那裡想必也出現了類似規模的極光秀，然而舞台集中在南極洲周圍洶湧的水域上，當地人只能看到一小部分。

羅密士整理從相隔遙遠的地方看到的彩色光弧和光帶資料，利用三角測量法計算極光的高度。從光弧的特徵看來，他估計極光的底部大約離地面八十公里。從光弧升起的光帶就像恐龍背上具備防禦功能的尖刺，向上衝出八百多公里。寬度則介於八公里到三十二公里之間。在這些報告中，光帶大致都是南北向。

除了積極鑽研最近出現的極光，羅密士也開始尋找之前留下的紀錄。他很快地發現，只要北半球出現極光，南半球也一定有極光產生，而且兩者涵蓋的範圍都會環繞南北極區。北半球的帶狀區域涵蓋哈得遜灣和一長條加拿大的土地；繼續延伸到阿拉斯加，通過白令海峽，蓋住俄羅斯帝國的北部，然後再回到大西洋，覆蓋冰島和格陵蘭的北部。在這條帶狀區域內，只要晚上天氣晴朗，就能看到極光。離這塊區域愈遠，就愈不可能看到極光。但遠至哈瓦那（二十三度），羅密士也找到前幾個世紀留下六次看到極光的紀錄。在哈瓦那以南的地方，留下的紀錄更微不足道。另一方面，在哈瓦那的北邊，極光的頻率和亮度都愈來愈強，也更有可能覆蓋整片天空。因此他得出的結論是：緯度愈高，極光頻率也跟著增加。愈往北邊走，極光出現的次數愈多。五大湖的岸邊，每年有可能看到幾十次極光。

羅密士的研究成果更加證實了一八五九年的極光規模是前所未見，電報局的危險表格也突顯這事件的可怕性。人類突然變得更渺小。地球上發生無法解釋的情況，之前科學家一直認為只有重力才能穿越太空，這是人們第一次看到這種和重力無關但卻直接影響地球的現象。關鍵所在就是卡林頓看到的閃焰。突然地，揭露閃焰有何能耐能夠引起極光和磁暴變成了極為重要的事。

羅密士堅決地認為極光和電報系統癱瘓密不可分。幾位目擊者都描述了極光的移動，或說明光線閃爍的樣子就像風中的旗子。從這些說法中，羅密士發現極光的移動是從東北掃向西南。這和掃過電報線路的極光電流方向一樣，因此他的結論是，極光是因電流通過大氣層而產生。斯悌瓦特也得到大體上類似的結論，他相信太陽閃焰從太陽上射出電流，電流橫掃地球而造成磁暴。

其他的科學家則想知道極光對天氣有什麼影響。由於兩者都出現在大氣層，所以大多數人認為一定有關聯。他們猜測可能會造成暴風雨，因為暴風雨來臨時空氣中也充滿電力。

當天文學家努力研究大氣、太陽和磁性現象之間的關聯時，他們很快發現自己陷入「雞生蛋、蛋生雞」的困境。和十八個小時後的磁暴相比，為什麼卡林頓的閃焰只產生微弱的干擾？後續的磁暴和閃焰有關聯嗎？還是十八個小時後出現了更強的閃焰，但沒人看到？如果每個磁暴都是一個閃焰引起的，為什麼我們沒觀察到更多的閃焰呢？這是一個大謎題，觀測太陽的人愈來愈多，一定有人會在對的時間、對的地點看到謎題的解答。

天文學家開始搜索，連最微小的線索都不放過，宇宙間的相互作用還有不為人知的一面，他們想要了解其中的道理，就要改變做法。舊有的研究方法是被動地測量天體位置和移動，這根本幫不上忙。他們需要跨越太空，推測太陽的本質：基本組成、內部的反應、發亮的成因，當然還有太陽閃焰的起因。

但他們要怎麼做呢？

就在同一年，德國的科學家恰巧解開了一個完全不同的太陽謎題，這個謎題已經困惑了天文學家五十八年。解開謎題後，天文學家對宇宙又有了新的認識，也發現了強大的工具。如果我們說卡林頓的閃焰激發了天文學家探索太陽本質的動機，那麼海德堡的克希何夫（Gustav Kirchhoff）和本生（Robert Bunsen）的研究結果則帶給大家探索的工具。

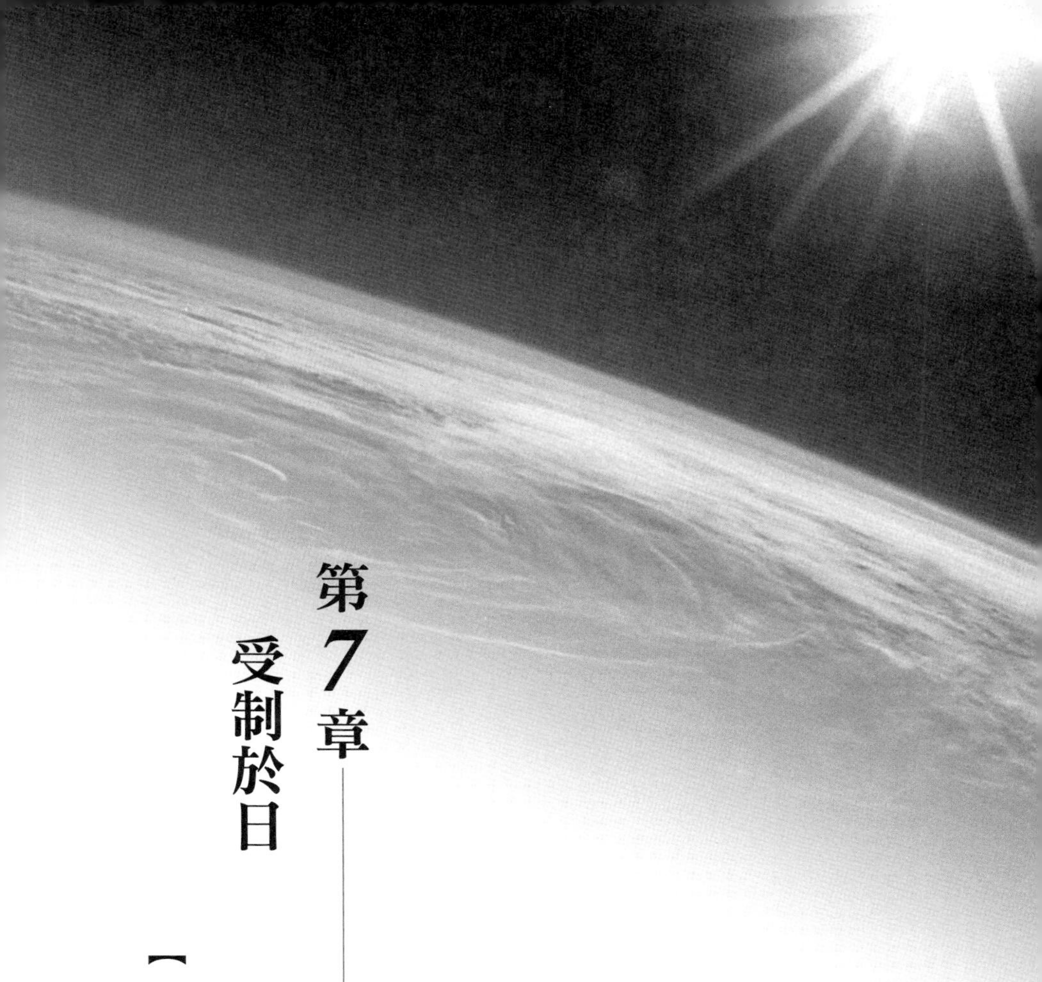

第7章 受制於日

【一八〇一年～一八五九年】

這個謎題要回溯到一八〇一年，正好也是老赫歇爾希望科學界一起討論太陽本質的時候。英國的化學家沃拉斯頓（William Wollaston）讓陽光穿過稜鏡，再放大產生光譜。他注意到有四條垂直的黑線穿過光線的彩虹色。沃拉斯頓認為這些黑線只是顏色之間原本就有的間隔，就把這個問題擱在一旁，直到一八一四年，二十七歲的夫朗和斐（Joseph von Fraunhofer）又注意到這些線條。

夫朗和斐一生只有一個志向，就是製造出全世界最純淨的玻璃。十一歲時父母雙亡，他被迫到鏡匠維塞爾伯格（Philipp Anton Weichselberger）那裡當工人。三年後，維塞爾伯格的工作坊倒塌，夫朗和斐被活埋。搜救人員先找到維塞爾伯格妻子被壓爛的遺體，四個小時之後，這位少年竟然毫髮無傷地被救出來，當時巴伐利亞選帝侯（譯註：德意志帝國中有權選舉國王和神聖羅馬帝國皇帝的諸侯）約瑟夫四世正好在場，夫朗和斐身上的某種特質吸引了選帝侯的注意，除了送書給他，並堅決要求雇主給他讀書的時間。當時也在現場的政治家及企業家烏茲施奈德（Joseph Utzschneider）也鼓勵夫朗和斐追求志向。這次事件對夫朗和斐來說可算是因禍得福。

在這兩人的聯合贊助下，夫朗和斐用功讀書，八個月後獲准進入烏茲施奈德位於班奈狄克波恩的光學研究所，這裡原本是一所修道院，現在則是專門製作玻璃的地方。脫離了維塞爾伯格的奴役後，夫朗和斐充滿熱情地在班奈狄克波恩鑽研製作玻璃的技術，他把融化的金屬混合液態玻璃，製作出世人稱羨的望遠鏡鏡片。

當測試鏡片察看它們如何散發自然色時，夫朗和斐再次發現太陽光譜上的黑色線條。進一步研究這些線條時，他發現線條的型態保持不變，有些線條又深又黑，有些則只是顏色較淺的色條。夫朗和斐把顏色最深的八條線分別標上A到H的字母。在B和H兩條比較明顯的線條之間，他數了有其他五百七十四條深淺不一的線條，並仔細記錄這些線條的位置。

在一生的事業中，夫朗和斐不斷反覆檢視這些線條。一八二三年，他發明了一種叫做光柵的裝置，利用這種裝置可以產生比棱鏡更精確的光譜。這也使得他能看到之前沒發現的線條，也能正確地測量最深色的線條波長。

接下來，夫朗和斐把光柵用在最明亮的星星上，發現星星的光譜也會出現黑色線條。這些線條的位置彼此之間有些相似也有些不同。這些線條是什麼？又有什麼意義？有些人認為它們是望遠鏡裡的缺陷，有些人則認為它們來自地球的大氣層，更匪夷所思的說法則是它們來自太陽和其他星體的大氣層。夫朗和斐還沒找到答案就死於肺結核，得年僅三十七歲。

其他的科學家知道這些線條的存在後，慢慢解開其中的謎底。夫朗和斐去世的那一年，約翰赫歇爾和研究夥伴泰伯特（William Fox Talbot）發現每種化學元素在燃燒時都會散發出一種獨特的彩色線條型態。他們說：「本來必須進行冗長的化學分析才能查出物質，現在只要從焰色透過棱鏡折射出來的光譜就能看出其中含有什麼物質。」

當這種「焰色試驗」的學問傳開後，科學家推測夫朗和斐發現的黑色線條或許和在實驗室中燃燒化學物質產生的鮮明線條有關。如果真是這樣，那麼夫朗和斐線條就可以揭露太陽和其他星球的大氣層中含有哪些化學氣體。如果天文學家可以確定哪條線是由哪種氣體產生，他們就能得到難以置信的能力：推論出天體的化學成份。

深具影響力的法國哲學家孔德（Auguste Comte）認為大家的努力純屬愚蠢。一八三五年，他寫道：「我們可能可以確定它們的形狀、距離、大小和移動；卻永遠無法知道要用什麼方法來研究它們的化學成份。」有些人認為他的悲觀主義非常不合時宜，仍繼續進行研究。

為了搶先了解太空的化學性質，在一八四〇年代，約翰赫歇爾和其他人用攝影技術拍出太陽的光譜，上面可以看到夫朗和斐線。此外，約翰赫歇爾把用酒精浸濕的紙張放在不可見光譜帶中（這是他父親發明的方法），在光譜的紅外線區域中也看到線條。他看到乾掉的紙張上留下條紋，認為這是紅外線光譜的夫朗和斐線。

同時，泰伯特研究了鋰和鍶，這兩種金屬燃燒時都會出現紅色的火焰。讓火焰的光線通過稜鏡後，他發現兩者可以解析成不同型態的紅色線條。所以，就算不能用火焰的顏色辨別化學物質，仍可以透過光譜來辨別。也有人發現夫朗和斐的D線和元素鈉有關，還有鉀的紅色線條和夫朗和斐的A線周圍的一組深色線條似乎也很類似。雖然有了這些進展，但問題還是很多。

要製造出純粹的化學物質很難，而且污染化學物質的元素也會放射出自己的線條，所以看到的獨特型態就不是那麼正確了。鹽形式的鈉尤其討厭，因為它會污染所有的東西，只要一點點就足以在夫朗和斐的D線上產生亮黃色的線條。另外也有一個阻礙：為什麼夫朗和斐線顏色很深，焰色試驗的線條卻很明亮？除非能找出合理的解釋，不然用焰色分析感覺真的很像魔術，沒有人有勇氣用在正式的學術上。

最後解出深色線和淺色線之間關係的人是物理學家克希何夫和化學家本生。本生和實驗室助手德薩加（Peter Desaga）造出了完美的加熱工具，就是現在眾所皆知的本生燈，可以用來做焰色試驗，而克希何夫則是天賦驚人的物理學家。本生說服比較年輕的克希何夫到海德堡大學任職，這樣兩人就可以合作。他們發現對方的才能和自己互補，可以完整地結合太陽光譜和焰色試驗。

本生利用化學知識製造出有史以來最純淨的化學樣本，判斷個別的光譜線時就不必擔心干擾。克希何夫則利用物理知識設計出舉世無雙的設備，可用來分析線條。克希何夫早年出了意外，造成身體殘障，他總是在陰暗的實驗室裡心無旁騖地使用精密的設備，以最精確的方式將光線導入儀器中。有一天他燒了石灰樣本，產生照亮劇院舞台的石灰光，這是他的一大突破。石灰燃燒時發出白熱的火焰，透過棱鏡分離後，能夠產生一片連續的色彩。然而，在使用棱鏡前，克希何夫集中一小部分石灰光穿過本生燈的火焰。然後他在火焰上撒了一點鈉，火光中便閃出鈉特有的黃色。在螢幕上，他看到夫朗和斐的黑色D線出現在石灰光的光譜上。鈉的煙霧吸收了來自石灰光的特定黃色波長，讓黃色的火焰在實驗室裡熊熊燃燒。

接著他用陽光測試，但這次他用的是沒有對應夫朗和斐線的化學物質—鋰。將鋰粉撒在本生燈的火焰上，當黑色的鋰線出現在太陽光譜上時，他看得入迷了。克希何夫一下子證明了兩件事：太陽上一定有鈉，因為夫朗和斐D線的存在；但是太陽上沒有鋰，因為沒有鋰線。他做到了孔德認為不可能達成的任務：不需要實際切割進行分析，就能調查一個物體的化學成份。

克希何夫繼續努力，想要推論出光譜分析的概念，這樣科學家在使用時就不會覺得心虛。終於，他確定了三件事。第一，高溫的固體或熱稠密氣體會產生連續的光譜，完整的色帶包括彩虹的所有顏色。第二，高溫的稀薄氣體會產生放射狀光譜，包含一系列明亮的色線，位置則視氣體的化學成份而定。第三，被溫度較低稀薄氣體包圍的固體則會產生吸收光譜，原本連續的光譜上某些波長被吸收了，因此出現一系列黑色線條，位置就和氣體的放射譜線一樣。這三個規則證明了放射譜線和吸收譜線之間有某種關聯。

克希何夫的這個重大突破傳遍世界各地，天文學家在光譜分析的新技術上踏出了實驗性的第一步。他們發現太陽上還有鐵、鈣、鎂和許多其他物質。

除了太陽的化學成份外，克希何夫定律也提供兩個關於太陽本質的必然結論。實驗結果顯示，金屬要在極高的溫度下才能融化及放出蒸氣。因此太陽的大氣層一定火熱無比，應該有好幾千度，以便維持充滿金屬氣體的大氣層。而太陽本身應該更熱，才能散發出連續的彩色光譜，大氣層的氣體吸收有色光而產生夫朗和斐線。

天文學家將太陽的可見層稱為光球層，也確認這一層並非包在固體外的發亮雲層。當溫度超過好幾千度時，沒有物體能夠保持固態。

在光球層的上方，則是太陽大氣層，當光球層中的光線穿過大氣層進入太空，大氣層中的金屬氣體就會產生夫朗和斐線。唯一一個令人困惑的因素則是陽光接下來必須通過地球的大氣層。這表示有些夫朗和斐線來自地球大氣層中的化學物質，並非純粹是太陽的。隨著愈來愈多的天文學家研究太陽光譜，可以明顯發現，夫朗和斐線會分成兩種，一種不會改變，另一種則會隨著時間而稍微改變顏色的深度。天文學家很快地了解，太陽在天空中的位置會影響有變化的線條。當太陽在較低位置時，它的光線要穿過更厚的地球大氣層，有些夫朗和斐線的顏色就會變深。這些線條因此表示地球大氣層中的化學物質。保持固定不變的線條則透露了太陽的強大大氣層中有什麼化學物質。

在富裕的業餘科學家之間，光譜分析成為新的天文學。卡林頓原本應該站在這場革命的前線。有技術性發現價值的閃燄和他謹慎的觀測結果，都給了他成為先鋒的優勢，但他卻正處於個人危機的痛苦中。

第8章 最有價值的東西

【一八六〇年~一八六一年】

在卡林頓受人稱讚的科學成就下，家庭義務卻讓他必須處理很多浪費時間的蠢事。父親去世後，他希望能慢慢地把每天經營釀酒廠的工作交給下屬，回到天文學的懷抱。但一年過了又一年，他明白自己全部的心力都要放在生意上。由於責任的束縛，加上又得在瑞得希爾和布倫特佛德兩地之間往返，他努力擠出時間來繼續他的太陽觀測。但每次真能成功記錄太陽黑子時，新增加的資料卻讓他要花更多時間進行數學計算。

牛津大學雷德克里夫天文台的理事會終於傳來消息，但卻無法改善卡林頓的情況。強生驟逝已經是十五個月前的事了，卡林頓早就送出應徵函。另外還有兩個人也對這份工作有興趣。第一個人是五十二歲的勉恩（Robert Main），他在格林威治擔任副主任，強生過世後他就接任皇家天文學會的會長，並頒發金質獎章給卡林頓，表揚他的瑞得希爾星圖。第二個人是三十一歲的普森（Norman Pogson），他以前就在雷德克里夫擔任強生的助手，但微薄的薪資不足以撫養日漸龐大的家庭，所以他離職了。

理事會的做法很奇怪，他們重新公告這份名望很高的工作，卻沒有召喚最初的應徵者前去面試。理事會辯解說他們還在討論天文台未來的工作方向。他們也趁機把原本定下的六百英鎊薪資降成五百英鎊。當新的公告並未吸引其他人來應徵時，理事會只好從三個人之中做選擇，而卡林頓沒有被選上。勉恩得到了這份工作。這三位應徵者都沒有前去面試，但艾瑞爵士寫了三頁的推薦函，左右了理事會的決定，而勉恩過去二十三年來都為艾瑞效力。

艾瑞寫信給落選的普森，信中並未表達歉意，卻坦承自己的偏頗：「我對勉恩的義務……

就像家族領袖對兒子一樣。我沒辦法幫別人說好話。」

但艾瑞一個字都沒寫給卡林頓。事實上，他們兩人的關係有點緊張。卡林頓習慣評論格林威治的成果，一開始艾瑞還表示歡迎之意，但他的評論不知怎地超越了界線，變成不受歡迎的批評。據說他們曾在皇家天文學會的政務會議中針鋒相對。皇家天文學會一些會員組成了俱樂部，開會前一起吃晚餐，由於卡林頓在某次用餐時「厚顏無恥地抽起雪茄」，為了突顯敵意，艾瑞因此退出了俱樂部。

或許還有另一個原因讓理事會更有理由忽略卡林頓。雷德克里夫天文台資金吃緊，他們也很清楚如果要跟格林威治和劍橋媲美，有些設備需要更新。八年前卡林頓在杜倫爭取新設備不成，最後倉卒離職，因此理事會覺得牛津的經費這麼少，他一定做不下去。

不管理由是什麼，他們的拒絕讓卡林頓陷入更深的危機。對他來說，能夠繼續從事天文學研究，就是現在最難能可貴的目標。一旦有薪水可拿，他就可以放棄家傳的釀酒廠，重新投入科學，尤其是他最愛的太陽觀測。而在那個時刻來臨前，他只能看著其他天文學家不斷地發表成果。

✿ ✿ ✿

用自己發明的太陽照相儀在寇烏拍攝太陽的照片，已經變成德拉魯的例行公事。這個獨特的望遠鏡照相儀可以立刻將卡林頓要花好幾個小時繪製及測量的景象捕捉下來。德拉魯確信天文學少不了攝影技術，他期待能有一次輝煌的成就來證明攝影的價值。

不久將有一次日全食，從西班牙也可以看到。在全食的短短幾分鐘內，當太陽外面大氣層的蒼白光帶出現時，觀測者都要努力迅速又正確地記下細節。繪圖和目擊者的說法總是有所差異。德拉魯心想，當月球擋住太陽的光芒，四周一片漆黑時，如果他的太陽照相儀能把當時的情景拍下來就好了。

於是他去找卡林頓和其他曾於一八五一年在瑞典看過日食的人，詢問他們的意見。他尤其想知道白色的日冕和粉紅色的火焰（日珥）有多亮。得到的答案令他有點喪氣。根據和他談過話的天文學家所說，他們估計太陽大氣層的亮度就跟滿月差不多。這就很令人擔心了，因為攝影技術還在萌芽階段，無法靈敏探測模糊的物體，所以德拉魯決定要測試太陽照相儀。等到下次滿月時，他曝光了幾張底片，然後立刻洗出來，卻遭到嚴重的打擊。相紙上居然連個模糊的影像都沒有留下。

儘管成功的機會渺茫，但他仍決定要把設備運到西班牙去。就算照相儀無法捕捉最重要的全食時刻，至少應該可以拍到被蓋住一部分的太陽。

雖然西班牙離英國不遠，但前往伊伯利亞半島的人卻不多。因此，前往西班牙並在其境內旅遊的行程稀少，價格也很昂貴。要把設備帶到西班牙，還要支付高額的關稅，這又是一個障礙。德拉魯希望能用自己印刷公司的利潤支付旅費，但有一天艾瑞來找他。這位皇室天文學家覺得日食非常重要，他們應該遊說政府幫忙。他要德拉魯擬出把寇烏的設備運到西班牙的預算。然後他請海軍部提供船隻，把幾位天文學家和他們的設備送到西班牙。艾瑞要求英國政府和西班牙協商，免除遠征隊的關稅。而他也親自挑選想加入行列的天文學家，要求每個人提出詳細的計畫，包括在哪裡看日食、膳宿需要和待完成的科學研究。按照艾瑞的個性，如果他覺得要看日食的人只想觀察太陽暫時消失的景色，就會懷疑他們的能力。如果要政府付錢，他必須拿到實質的研究結果，證明錢沒有白花。

第二天早上，聚集在皇家天文學會的會員彼此交換心得，討論即將到來的日全食。儘管卡林頓被責任束縛，不能跟大家一起去西班牙，但他拿出一個特殊設計的接目鏡，在日全食發生的幾分鐘內，使用這個接目鏡將可以使角度測量更容易，也更迅速。

卡林頓以他在一八五一年看到日全食的經驗為基礎，寫了一本教人觀測日食的小冊子。他尤其希望觀測者能注意和太陽黑子有關的活動，並清楚觀測太陽的理由就是「找出神秘的起因，明白太陽為何有如此巨大的放射能力」。天文學家知道太陽不是一顆火球或具化學力量的鎔爐；這樣的過程無法產生足夠的能量。太陽能量的來源仍是一個不可思議的謎，要等到二十世紀，核能名副其實地炸開了人類的想像力，我們才找到答案。

在這本卡林頓還沒跟艾瑞鬧翻以前就寫好的小冊子裡，他討論了一個尚未解決的日食爭議。一八三六年，皇家天文學會的創始成員之一貝里（**Francis Baily**）正在觀看日食。當月球完全擋住太陽的圓盤時，最後一片陽光碎裂成像寶石一樣的珠子。聽到貝里的描述後，其他觀測者說他們也看到了同樣的貝里珠。另一方面，艾瑞從沒看過這些彩色小圓點，卡林頓輕率地認為這是因為艾瑞的天文技能超越其他人，他認為貝里珠來自不完美的望遠鏡。卡林頓提到，這個缺陷已廣為人知，許多望遠鏡也許還會刻上「保證能看到貝里珠」。事實上，艾瑞的觀測技巧很差，他都把職務交給格林威治的員工。貝里珠的確存在，太陽最後的光線一束束穿過月球上山峰之間的谷地時，就會形成美麗的珠子。

卡林頓繼續仿效艾瑞的說法，強調客觀科學報導的重要性，因為他注意到某些觀測日食的人都會有莫名其妙的懼怕感覺，「見證過日食的人或許會一直講述他們的感覺或緊張狀態，但對想從中判斷他們的說法是否可信的其他人來說，這是沒用的」。他接著透露，一八五一年看到日食的時候，他一點都不覺得害怕，不知道是否這是因為自己事前早就做好心理準備了。

除了觀測太陽外，天文學界也充滿期待，或許日食能幫他們發現核心天體，很多人都相信存在一個比水星更靠近太陽的天體。如果真是如此，那麼將是難得一見的景象，因為金星、水星、木星和土星正好也都靠近太陽，在日全食的時候全部都看得到。在進行準備工作時，卡林頓重新檢視了世界各地一些天文學家的觀測紀錄，他們都宣稱曾看到異常的輪廓對著太陽表面，很有可能就是傳說中的天體。❶

卡林頓也傳遞了一個推論黑子座標的數學訣竅，這是記錄在一套有三冊的太陽觀測書籍中，作者是來自德國多羅森的天文學家巴斯朵夫（J.W. Pastorf），而約翰赫歇爾最近捐了一套給皇家天文學會。卡林頓懇求在場的會員，「比較有空閒時間」的人可以接受挑戰進行數學計算，這樣才可以把從一八一九年到一八三三年間收集的潛在資料轉換成有用的知識。他承認自己無法投入足夠的時間來完成這項工作，因為他連自己的太陽觀測計畫都無法如期完成。卡林頓掙扎了很久才坦白心裡的想法。在製作自己的星圖時，他發現很多資料和星圖上的一些星體重複，他費了一番功夫融合兩者資料。去年因星圖而獲頒皇家天文學會的金質獎章時，大家都稱讚他的勤奮。而現在，卻必須請求同儕伸出援手。

關於即將到來的日食，由於在卡林頓的閃燄之後，有些科學家得知磁性災害與太陽有關，因此他們推測：日食時月球會封鎖太陽對地球的影響，應該也會有明顯的磁性效應出現。❷

在確定政府保證提供支援之後，艾瑞通知德拉魯，皇家海軍的喜馬拉雅號巡洋艦會把許多天文學家團隊及其儀器送到西班牙。德拉魯開始進行準備工作。他選了四位員工同行，並監督建造了一座可以簡易拆卸的木質觀測站，除了方便運送，也可以在西班牙重新組裝。這小小的建築物裡面有望遠鏡，也可以當作臨時暗房，照相後就能立刻沖洗底片。他們在暗房裡裝了水槽和貯水器，又用一大塊帆布蓋住整個觀測站，從外面看起來就像個帳棚。然後他們仔細地在

---

❶ 到了二十世紀，天文學家才承認比水星更靠近太陽的沃肯星不存在。愛因斯坦的廣義相對論最後解釋了水星的特殊軌道，並不需要一顆未看見的行星用重力拉扯。

❷ 當時並未偵測到任何效應，可能是因為儀器不夠敏銳。現代的儀器的確能夠記錄到月球擋住太陽紫外線時所引起的效應，因為這時紫外線會以不同的方法襲擊地球的電離層，而提高電離層中的磁性效應。

每個元件上編號，以便「平整包裝」方便運送。唯一帶不了的東西就是太陽照相儀的鑄鐵底座。原本的底座實在太重了，德拉魯找人做了新的底座，也是鑄鐵材質，但分成多塊栓在一起，這樣就可以分開運送。

七月五日，德拉魯把總共兩噸的儀器送往普利茅斯，第二天他自己也到達當地。德拉魯、他的團隊，以及幾十位其他團隊的天文學家花了一個晚上時間習慣喜馬拉雅號的鋪位，然後在一八六〇年七月七日早晨順著潮汐前往西班牙。兩天後，一艘小汽船在指定的地點迎接他們，並引領軍艦進入畢爾包港。

那天晚上，天文學家們休息並享受畢爾包人的熱情款待，準備第二天前往鄉下，這時德拉魯的設備已經開始這段長途旅行，從岸邊到他選擇的觀測地點有一百一十三公里。一開始德拉魯選擇位於桑坦德的古羅馬殖民地，但有人建議他到庇里牛斯山南邊，以避開比斯開灣岸邊瀰漫的海洋霧氣。最後他選中了利瓦貝約薩（Rivabellosa）這個農村。第二天當他和隊員上路後，他才完全體會到他的地點選擇所要承擔的後果。整條路線非常崎嶇。全隊人馬徹夜不停地顛簸前進，到了第二天，雖然覺得很不舒服，但德拉魯更擔心也是一路顛簸的精密儀器，尤其是三個精密時計。雖然他親自把每個時計裝在木箱裡，並塞滿有保護作用的木屑，但他沒料到路程竟會如此崎嶇。

到達利瓦貝約薩後，德拉魯立即打開木箱，發現他最害怕的事情發生了。其中一個時計嚴重受損。鐘面上的玻璃片脫落，但還好沒有打碎，時計本身也從原來的位置鬆脫。仔細檢查指針後，發現還好並未損壞，他便小心地把脆弱的時計組合成原狀。

雖然一開始就遇到挫折，還好其他一切都很順利。德拉魯找到了一塊當地人用來打穀的空地，地面十分緊實，可以在這裡設置他的木頭觀測站。隨隊翻譯詢問當地農人可否借用這塊空地時，才得知收穫季節剛開始，隔天他們還要繼續打穀。當翻譯向農人解釋說明這次考察的歷史意義後，農人立刻同意改到其他地方打穀，並進一步同意免費出借場地。

在日食開始之前，考察隊還有一個星期的時間可以做準備。他們雇用一位當地男孩璜（Juan）來打雜，璜的學習速度很快，工作也很努力。他們合力在打穀場上架設了觀測站，也把太陽照相儀安裝好。他們也裝配了另一支望遠鏡讓德拉魯可以進行觀察。為了保險起見，德拉魯會在旁邊繪圖，因為他們不確定太陽照相儀是否能拍到太陽大氣層模糊的痕跡。

一切準備就緒後，接下來就要精準地確定觀測地點的經緯度。日正當中時，他們檢查在出發前已經被設成格林威治標準時間的時鐘，看還要多久才到正午。這個時間差距可以讓他們算出經度。到了晚上，他們測量最亮星星的高度，計算出觀測站的緯度。確認經緯度後，他們開始演練日食那天觀測太陽、照相及沖洗底片的情況。他們發現帳棚的帆布必須浸水，暗房才能保持涼爽；不然西班牙的酷熱天氣會使底片產生霧翳，影像就會模糊。

考察隊紮營的消息傳開後，愈來愈多人前來詢問他們在做什麼，也知道日食即將來臨。當地的官員也來拜訪天文學家，並警告他們當天可能會有很多人來看熱鬧。為了不讓群眾太靠近，官員承諾會派警衛過來。

左邊背對鏡頭的人就是德拉魯，其他人則是來到利瓦貝約薩準備迎接日食的隊員。觀測站前方的帆布移開了，可以看到已就定位的寇烏太陽照相儀。右邊可以瞥見進入暗房的通道。（圖片來源：英國皇家天文學會）

日食發生的前兩天，天氣變差了。利瓦貝約薩狂風暴雨不斷。德拉魯既畏怯又喪氣。第二天也一樣，天空烏雲密佈，只有中午才稍微瞥見太陽的模樣。

一八六〇年七月十八日，出現日食的這一天到了，考察隊憂心忡忡地看著滿天烏雲。天公不作美，德拉魯焦慮到無法成眠。所有的準備工作、努力和花費眼看就要化為烏有。到了早上十點，他終於看到一小塊清澈的天空，人群如官員預料地集結在臨時觀測站周圍。到了中午，再過兩個小時日食就要開始，天氣突然放晴。一陣風把雲吹散了，留下廣闊無際的藍天和金黃色的太陽。

為了感謝璜的幫忙，德拉魯拿

了一片剩下的玻璃用火柴燻黑，並將它送給這位西班牙男孩，讓他可以透過燻黑的玻璃觀看日食。然後德拉魯在望遠鏡前就定位。

當天文學家進行最後、最緊張的準備工作時，看熱鬧的人愈來愈多。群眾談話的聲音愈來愈吵雜，德拉魯原本想要聽時計的滴答聲來計算日食的時間，但他現在聽不到精密時計發出的聲音。他決定改看他的懷表。他看到璜在旁邊興奮得不得了，拼命幫吵吵鬧鬧的旁觀者燻黑更多片玻璃。這個男孩把火柴湊近玻璃，燻到玻璃熱到拿不住為止。

不久，有五位警衛騎著馬進入村莊，馬蹄聲震動了地面。他們聽從天文學家的指揮，在打穀場周圍畫出界線，不讓兩百多名群眾進入。在警衛到達前，有些旁觀者克制不住好奇心，悄悄潛入這個木頭觀測站偷看古怪的設備和操作人員，天文學家只得把他們趕出去，有了警衛就不用擔心再有人潛入了。

還有二十分鐘，一個奇怪的味道引起德拉魯的注意。有東西燒起來了。火焰發出的爆裂聲吸引他的目光。璜丟掉的火柴引燃了打穀場上散放的穀物。德拉魯抓起用來弄濕帳棚的水桶滅火，還好沒燒到容易起火的木頭觀測站。

德拉魯回到位置上焦慮地等待著。預定的時間快到了，他叫員工準備好第一張底片。他們將化學物質裝入太陽照相儀裡，但月球未在預期時刻和太陽第一次接觸。德拉魯百思不解，他檢查鐘上的時間才發現自己弄錯了。他的懷表快了八分十一秒。他非常驚恐，因為經過化學物處理的底片再過八分鐘就毀了，於是他命令組員盡快準備新的底片。

下午一點五十六分，德拉魯看到月球的邊緣開始咬住太陽，但底片要到兩點零二分才能準備好，也才能適當地裝進儀器並曝光。接下來在日食發生期間，他們拍個不停。十分鐘之後，當月球覆蓋住一群太陽黑子時，雲層自然形成，遮住了太陽。天文學家暫停觀測，焦急地等了六分鐘，雲層才散去。天文學家急忙繼續他們的工作。

月球後面的太陽漸漸消失，德拉魯注意到蔚藍的天空變得有點靛藍。周圍的景物也蒙上一層青銅色的光澤。他想知道，太陽光線這樣的改變，用克希何夫和本生的光譜分析可以揭露些什麼。太陽被月球遮住後，變成新月的形狀，他看到設備投下的陰影突然變得很明顯，這讓他想起電燈產生的清晰陰影。當全食終於出現時，大地一片漆黑，群眾突然鴉雀無聲。教堂的鐘聲傳遍山谷。德拉魯開始繪製從望遠鏡看到的景象。他可以辨別太陽前方深褐色的月球表面，但從月球後方探出頭來的粉紅色日珥完全抓住了他的注意力。

完成第一張繪圖後，他抬頭用肉眼觀看天空。在日冕蒼白的光帶上，天空是深藍色，靠近地平線的地方則是深紅色和橘色。在這難得一見的天色中，可以看到木星和金星熾烈的光芒。他看看四周的景色，發現在月亮的陰影下，壯闊的山脈也變成藍色。那奇異的美麗深深吸引了他，他很遺憾為了進行科學研究，無法好好觀賞。他在心中暗自發誓，如果再有機會看到日食，他寧可置身人群，專心一意地觀賞奇景。作出這個承諾後，他收回目光，再次把眼睛壓在望遠鏡的接目鏡上，繼續進行觀測。

旁邊的拍攝工作持續進行。有一張底片在日全食時已經完全曝光，立刻被送到帳棚後方浸在顯影液裡。太陽照相儀裡則裝了第二張底片。德拉魯開始畫第二張圖時，好奇心愈來愈旺盛。他對著暗房裡的員工喊叫，詢問目前的進度，對方的回答令他很激動：攝影成功了；底片上看得到日珥。德拉魯聽到消息後欣喜若狂。他們完成了前人做不到的事：為後世子孫拍下了日食的照片。

有了成功的激勵，即使光線恢復正常後，組員仍努力工作了好幾個小時。當月球完全脫離太陽時，他們繼續繪圖、測量和照相。第二天，巡視過西班牙各地的日食考察隊後，艾瑞來到了利瓦貝約薩。看了日食的照片後他非常滿意，讚美德拉魯和組員付出的心力。返回英國後，各地都舉辦活動慶祝他凱旋歸來。但那時沒有人發現，日食發生時，太陽外面的大氣層出現了非常奇特的現象。如果他們發現了其中的重要性，就能找出線索，明白卡林頓看到的閃焰為什麼會引發後續的磁暴。

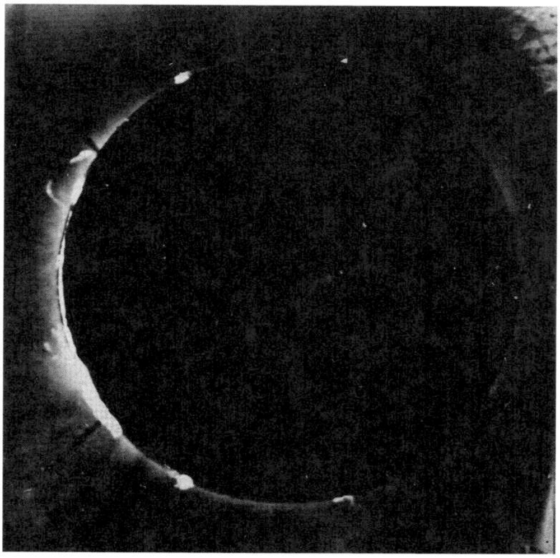
德拉魯拍到的日全食照片。（圖片來源：英國皇家天文學會）

一八六〇年出現日食的那一天，地球轉動掃過全食帶的地區包括加拿大、美國的一小部分、大西洋、西班牙和北非，然後月球離開地球和太陽中間，陰影不再籠罩地球表面。最先看到日食的人之中有一位吉利斯先生（Mr. Gillis）。他幫美國海岸調查中心觀測日食，經驗非常豐富，那天黎明之前，他就在史戴拉坤（Steilacoom，靠近今日華盛頓州普吉灣上的塔科瑪）就定位。當太陽升起後，已經有一部分被月球的陰影遮住了。

當月球完全遮住太陽時，輝煌的日冕映入眼中，吉利斯看到這次的日冕特別壯麗，幽靈般的白光看起來就像巨大的手指，從月球黑色的圓盤上伸展開來。他知道只有幾分鐘的時間可以看，便強迫自己先專心觀測月球外圍明亮的內日冕。在白色的日冕光線上，站了十多條粉紅色的火焰。觀察過所有的日珥後，他將注意力轉回日冕上，追蹤它從太陽延伸出來的樣子，並注意最不明顯的細節。他的結論是：日冕是由放射光束組成，有些粗有些細，彼此之間有黑色的裂縫。以太陽為中心向外射出。

同一時間，在加拿大拉布拉多的昂加瓦灣，天文學家艾希（R.N. Ashe）卻很失望。日食一個小時後就要出現，但遮住大半個天空的雲層卻頑固不退。他只能期待在重要時刻雲層可以散去。他已經準備好口徑八公分的望遠鏡，耐心地等候。日全食的時間到了，周圍一片漆黑，他充滿期待地把眼睛湊到望遠鏡上。雲層出現了隙縫，露出月球周圍的日冕，像個明亮的光環。當第一次看到眼前的景象時，一道明亮的閃光吸引他的目光。在日冕西南側的象限中，他看到「白色的火焰，向上射出一段相當遠的距離」。雖然很明亮，卻和其他的日冕光芒一樣擁有牛奶般的質感，看起來就像從太陽表面射出來的光芒。艾希還沒看夠，但雲層又掩蓋了天空，什麼都看不到了。過了一會兒，日食已經結束，白晝重回大地，他還是想不透那白色的閃光到底是什麼。

地球無情地繼續旋轉兩個小時之後，在許多歐洲天文學家引頸期盼下，西班牙上空的太陽與月球成一直線。當短暫的黑暗掃過比斯開灣，幾位觀測人員注意到日冕的西南方出現干擾。他們沒看到筆直如輪輻般的日冕光芒向外突出，反而有一道光芒優雅地彎曲延展到大約兩倍太陽半徑的地方。過了幾分鐘，第二道光芒也出現了，在西班牙中心眼光銳利的觀測者立刻將此畫在筆記本上。第二道光芒與第一道來自於太陽表面同一地方，但彎向相反方向，完整的形狀就像鬱金香花苞的輪廓。當日食來到西班牙的地中海沿岸時，從西班牙登陸已過了十一分鐘。在此處的天文學家看到了新的進展。鬱金香脫離太陽，在日冕中形成一個橢圓的泡泡。

在西班牙的日食消失後，過了二十分鐘，最後的日食紀錄出現在阿爾及利亞。在巴特納的軍隊工程師和在蘭伯撒的天文學家都注意到西南方的干擾。但在日食後，沒有任何天文學家想到要去調查日冕中的泡泡有何意義。糟糕的是，還有人懷疑泡泡只是幻覺。

儘管許多觀測到的人都說那個泡泡很壯麗，但觀看日食的人裡面有三分之一沒看到。也許有些人觀測技巧不佳、或使用的設備太差，或是在全食的短短幾分鐘內無暇注意。其中一位沒看到泡泡的天文學家是備受尊崇的塞奇（Pietro Angelo Secchi）神父。他負責管理羅馬的梵蒂岡天文台，因此在歐洲各地享有崇高的名譽。他的觀測技巧通常很敏銳。他是繪製火星地圖的先驅，也發現了太陽表面上的新的特徵。但在一八六〇年日食出現的那一天，他從帕瑪沙漠進行觀測，卻沒看到泡泡，因此很多人懷疑看見泡泡只是訛傳。

日食報告出現了分歧的說法，天文學家開始覺得繪圖不可靠，也愈來愈相信只有用照相機底片留下的觀測紀錄才值得信賴。攝影技術很快地成為捕捉自然純粹本質的最佳工具，完全沒有人為的扭曲。德拉魯拍到的日食照片為他帶來榮耀，也影響其他科學家的想法。但是他的照片只拍到日珥和明亮的內日冕，沒拍到顏色比較淡的外日冕，也就是泡泡出現的地方，因此也無法平息爭論。

事實上，泡泡是太陽微粒的爆發，有時候跟著閃焰一起出現，如果爆發的方向直接對著地球，碰撞就會導致磁暴。但當時對日冕的知識不足，更不熟悉帶電太陽微粒的性質，即使觀察到，也不知道有什麼意義。也許如果那個泡泡正對著地球，隔天晚上也出現了壯觀的極光，天文學家就會對它多些關注。但事實上，儘管有三分之二的觀測者看到了，卻完全忽略它的結構。就算有人要提出討論，也會充滿懷疑。❸

❀　❀　❀

一八六〇年秋天，在一八四六年搞砸海王星發現的查理斯教授，悄悄地請求辭去劍橋天文台的主任職位，但保留天文學教授的職位，也就是眾人夢寐以求的布盧米安（Plumian）教授職位。校方召開了特別管理委員會考慮他的請求，並決定如何填補空出來的主任職位。

一八六一年一月，卡林頓聽到了風聲，也收到來自查理斯的訊息，要他等待進一步的申請說明。之前大家就認為天文台主任應該是獨立的職位，而不是找天文學教授來兼任，通常主任應該有數學背景，也具備理論天文學的專業知識。觀測不再只是對著望遠鏡進行推斷，而是自成一門精密的科學。因此，理論派和觀測派的技巧差距愈來愈大。卡林頓很努力地想成為當代最偉大的觀測家。

理論上，他是劍橋天文台這個職位最理想的候選人。他擁有劍橋的學位，也順利成為頂尖的科學家，還是皇家學會的會員和皇家天文學會的重要成員。卡林頓自認他應該得到這個位置，於是立刻開始安排推手。他寫信給約翰赫歇爾，請他幫忙說好話。也許是想到了之前的牛津經驗，雖然和艾瑞志不同道不合，他也寫信給艾瑞，講明了請他幫忙拿到劍橋的職位。卡林頓告訴艾瑞，他現在障礙重重，完全無法進行天文觀測，如果沒有劍橋這個位子推一把，他不久就必須放棄繼續從事天文研究的希望，信中的語氣聽起來很絕望。

艾瑞拒絕幫忙，他說自己和這件事無關。然而，他也說如果他要插手，他就會把天文台的職務和布盧米安教授職位切割，交給擁有隆迪恩教授（Lowndean professor）職位的人。卡林頓認為這位皇室天文學家的建議根本就是笑話。這根本不合理，因為在一八五九年三月，理論

❸ 一個世紀之後，NASA的太空實驗室開始定時拍攝日冕，錄下的爆發景象讓人想起一八六〇年的繪圖。在高地天文台工作的艾迪（J.A. Eddy）因此重新開始爭論關於一八六〇年事件的事實。

派的亞當斯接下隆迪恩教授的職位。如果這麼做，劍橋將得到一位完全不適任的天文台主任。

卡林頓繼續等待劍橋公開宣布招募天文台主任，卻渾然不知早已有人關起門來協商。管理委員會的計畫居然和艾瑞建議的一樣，不禁令人疑心大起。亞當斯也是特別管理委員會的成員之一，在開會時，委員會要求這位理論學家除了教授的職務外，也接下天文台的職責。他的反應很冷漠，除了指出自己不適合這份工作外，也建議校方設立職位，指派專職的主任。但這些話對委員會發揮不了作用，他們再次要求他擔任這個角色。

亞當斯深感壓力，他寫信給劍橋的校長，陳述覺得自己不適合擔任天文台主任的理由。他寫道：「如果我能繼續前志，耕耘這個天文學的分支，必能對科學進步將會貢獻更多，並發揚校譽。」他指的是數學理論。然後他重述自己的信念，天文台主任的職責應該獨立出來，由經驗豐富的觀測家擔任。

亞當斯的託辭還是沒什麼效果，最後他只好提出幾項特別的條件，若能滿足才同意接下主任一職。首先，他自己不必進行觀測；第二，他不需要把觀測所得的資料轉成有用的資料；第三，如果和職務相關的行政工作過於繁忙，他可以辭職。令人驚訝地，委員會同意所有的觀測工作和數學計算全由助手執行，亞當斯只需稍加管理即可。

卡林頓聽到這個消息後崩潰了。沒有公開徵求應徵者，天文台只進行行政改組，不可能有新的開始。他不敢相信劍橋會這麼做。絕望之下，他寫信給約翰赫歇爾，說他的天文學事業就此終止。反正現在沒有退路了，他只能孤注一擲，奮力尋找繼續專業天文學研究的機會。

四月十三日，卡林頓寫信給劍橋大學的校長，針對讓理論學家從事實用天文學的決定提出爭論。字裡行間一再暗示這與他本人的利益無關，只是這個決定有點愚蠢。他寫道：

公共天文台的主任職位不像圖書館或博物館的館長，然而，在天文學的領域，即使是最令人尊崇的理論學家，也不具備所需的特殊資格，理論天文學和實用主義之間的特質差異並未遭到過去幾年來的經驗抹殺，反而更加突顯實用主義者才能有效率地從事天文台講究實效的工作。現今具備理論和實務雙重資格的人士一定要在兩者之間進行取捨，這道理十分簡單。為了充分發揮天文台或相關組織的最大效益，他必須放棄幾乎所有的分析研究，另一方面，若想汲汲營營於研究，那他管理的天文台就會失去生命力。

儘管敝人一向看重亞當斯教授在天文學系上之卓越能力，但就他是否適任劍橋天文台的主任職位而言，敝人仍有權從私人及公開的立場與其競爭。

要卡林頓說出這些批評亞當斯的話一定很困難。這兩人相知也彼此惺惺相惜。提議卡林頓成為皇家學會會員時，亞當斯也是其中一個推薦人。然而，卡林頓仍堅持校方不指派全國最優秀的人來當主任，就是不公平，而且他也聲明自己就是那個最優秀的人。他詳細列出過去的功績，並答應把太陽黑子目錄的榮耀與劍橋大學一起分享，他說這本目錄「集結了大量的連續觀測結果」，成果「雖然還在概念階段，但一定能引發自然科學界的關注」。

信末宣告他願意公開和亞當斯角逐主任職務。之後卡林頓就等待劍橋的回應。他的話顯然引起了校長的興趣，幾天後他回信了，同意卡林頓可以聯絡理事會的成員，他們再過幾天就要評估天文台管理委員會的建議。卡林頓回信詢問成員的名字，因為他不知道目前的成員有哪些人。但名單寄到後已經太遲了。理事會已經同意任命亞當斯成為天文台主任。

卡林頓氣壞了。他再度寫信去抗議任命程序不符合正規。他聲稱委員會提名個人的做法超出職權範圍，尤其不該提名同一個階層內的人，也不該假設此人就會同意上任。最讓卡林頓覺得氣惱的是，亞當斯接受他的薪資只增加兩百五十英鎊。這只有去年牛津大學提供給同等職位薪資的一半，卡林頓認為劍橋的薪資反映出大家不重視實用天文學家的價值。他說，劍橋為其他機構立下很糟糕的先例，有能力的天文學家如果想成為專業的科學家，這微不足道的薪水簡直就是幫倒忙。不論亞當斯多麼不樂意，但他願意接受任命和薪資，卡林頓認為這位理論學家也是阻撓專業天文學的幫兇。

一個星期之後，卡林頓再度抨擊劍橋，重複之前說過的話。他的批評傳到劍橋所有研究員的耳中，理事會再也無法不聞不問，只好開會考慮他的抗議。經過深思熟慮之後，他們贊成管理委員會的做法及任命亞當斯的決定。這個職位不像卡林頓說的應該要「公開」，因為經費不是來自政府，也不由皇室任命。換句話說，他們愛派誰就派誰，程序也可以自己訂。這次事件就此結束。

一八六一年三月二十四日，卡林頓結束最後一次太陽黑子的觀測，他原本計畫要持續十一年的觀測只進行七年就宣告終止。他堅持說話算話，從此退出天文學界，準備把房子和天文台的設備都賣掉。他的工作終止後，太陽黑子的資料從此永遠留在他的筆記本裡，世人無緣得見。

七月十七日下午一點，離西班牙出現日食那天將近過了一年，有一小群人聚集在康希爾錢居巷的蓋爾威咖啡廳，他們都對瑞得希爾的天文台設備很有興趣，來到這裡競標。卡林頓的天文台設備一批一批地出售，他看著別人競標那支漂亮的黃銅赤道望遠鏡，就是他看到太陽閃焰的那一支。然而，賣出第二支望遠鏡最令他難過，也就是他用來測量星體、製作瑞得希爾星圖並得到金質獎章的子午環望遠鏡。牛津的雷德克里夫天文台用四百二十英鎊標得。這個天文台不肯雇用他，害他事業受阻，現在還買走了他的望遠鏡。❹

拍賣結束後，瑞得希爾的觀測廳一片空蕩蕩。卡林頓期待一生從事天文學的夢想就此消逝。他努力地在有生之年成為偉大的天文學家，但卻無法用專業技術克服命運的阻撓。他真正的知識無法讓他走上專業之路。上不了檯面的政治手腕、個人恩怨和他沒耐心的激烈個性聯合起來毀掉他。在短短兩年內，他過去十年的心血全都付諸流水，就像閃亮的太陽閃焰一樣，在他眼前消失。

❹ 到了二十世紀，這支望遠鏡仍繼續在雷德克里夫天文台服役。現在陳列於英國牛津的科學歷史博物館。

既然他的觀測設備都賣掉了，他也不需要繼續留在瑞得希爾。他把房子賣了，搬到他憎恨的釀酒廠附近，想辦法習慣商人的生活。

第9章 無法越過的魔鬼障礙

【一八六二年～一八七五年】

好幾位天文學家調查太陽黑子、太陽閃焰、羅盤指針的每日變化和磁暴頻率之間的關聯時一直沒有進展，也都不禁開始洩氣了。當時最知名的懷疑論者就是艾瑞爵士。或許是因為自己對薩比恩的敵意，讓他的信心也動搖了。

一八六三年四月二十三日，艾瑞向皇家學會報告格林威治二十年來磁性資料的分析。他很小心地把資料藏在格林威治，免得落入薩比恩手中。首先，艾瑞提到磁針每天的游移。在一八四一年到一八四八年間，變化普遍增強，一八四八年到一八五七年間則減弱，接著是另一次增強。他含糊地評論，說這個現象或許反映了太陽的普遍磁性狀態，但卻沒提到他的讀數跟太陽黑子周期一致，在一八四八年升高到最大值，一八五六年則是最小值。他刻意放棄這個機會，公開證實薩比恩所提出太陽黑子和磁力變化之間的關聯。

接下來他給大家看格林威治記錄下來的磁暴分析。這次他確實提到了太陽周期，但卻宣稱他沒有看到它和磁暴頻率有關的證據。他後來提出，如果資料真有周期性，那它的周期應該接近六年。艾瑞提出這項陳述時，犯了一個很大的錯誤，他並沒有查閱史瓦貝、施波雷爾和卡林頓編纂的太陽黑子目錄。如果有，他就會發現太陽周期的一個至今未變的特徵。那就是，即使太陽黑子的平均數目開始下降，最大值出現的幾年後，通常都會出現異常巨大且活躍的黑子，地球上的磁暴次數也會短暫提高。舉例來說，二〇〇三年萬聖節的異常磁暴就出現在太陽周期的衰退期。如果艾瑞看了太陽黑子的資料，就能看出磁暴的短暫增加正好對應到巨大太陽黑子的短暫現身，因此更鞏固了薩比恩的主張：磁暴和太陽黑子同生同變。

艾瑞也懷疑電報線路上的電流是由極光引起。他反而認為電流可能來自地球。電流流過地表，並通過方便置放的電報線路，迫使頭頂上的極光發亮？他安排了從格林威治拉兩條電報線路來做實驗。一條向東延伸十六公里到達特福德，另一條向南延伸十三公里到克羅伊登。再連上科學設備，持續測量流過電線的任何電流。

然而，艾瑞犯了一個大錯。他把電報線路連到火車站的水管，藉此跟地面連接。這些水管本身就跟天線一樣，接收能力比電報線路更強，產生出來的資料因此充滿了錯誤的讀數，當然無法看出極光出現或格林威治的磁針移動時的關聯。艾瑞沒發覺實驗的設定錯了，用錯誤的結果支持他的懷疑，想要證明太陽並非磁暴、極光和地球電流的唯一來源。有些人開始認為卡林頓看到的閃焰似乎一點也不重要。

✿ ✿ ✿

至於卡林頓，如果他以為賣掉天文台就能驅走內在天文學家的靈魂，就太低估自己對天文學的熱愛了。現在住得更靠近倫敦市中心，他發現要去皇家天文學會和皇家學會也更方便。聽到寇烏太陽研究工作的最新成果，更讓他覺得趕不上天文學的進步速度。不出所料地，太陽黑子的資料開始呼喚他，甚至面對每天繁忙的生意時，都一直聽到令他無法抗拒的召喚。如果七年來的努力將要有些什麼意義，他必須儘快公開研究成果，那就得要投注無限的心力把觀測結果轉成有意義的資料。

卡林頓無法讓這偉大太陽黑子目錄的夢想就此斷送，於是他在經營酒廠之餘擠出時間，每天工作到深夜，準備他要發表的成果。到了一八六三年，它終於完成了。卡林頓只要找到願意出資印刷這本鉅作的贊助商就好。在一八五七年，出版星圖的費用由海軍部支付，因為星圖是航海的工具。但太陽黑子成果是純科學，要找到願意付錢印刷的人可能有點困難。事實上，只有皇家學會願意支付費用。雖然卡林頓並未達成原本要收集完整十一年太陽周期資料的目標，但皇家學會仍然認可這本目錄世界級的品質。出版後不久，斯悌瓦特就用書中的資料證明了：只有當太陽表面出現巨大黑子時，極光才會出現。

可惜，卡林頓對自我成就的滿足只是曇花一現。太陽黑子目錄出版後，也斷絕他與現行天文學的最後聯繫。沒有天文台，他就不能進行觀測，沒有觀測資料，他就不能埋首於天文計算。鉅作雖然可觀，但看來卻像事業終止的墓碑，而不是他曾經渴望的至高無上光榮。他開始夢想去智利一遊，就像約翰赫歇爾到南非小住一樣。對約翰赫歇爾而言，他記錄下來的眾多星雲目錄讓他突然成為最有名的科學大師。卡林頓夢想去觀察南半球的星空，和他大受歡迎的北方天空星圖正好彼此對照。

在卡林頓實踐計畫前，災難降臨；他生了一場重病。旁人無法清楚得知他究竟患了什麼病，有可能是神經衰弱，更有可能是中風。他身體虛弱極了，好幾個月都不能出門。復原的過程緩慢，他很擔心生活永遠無法恢復正常。被病痛苦惱的他只能透過信件跟皇家天文學會聯繫，有一次他指控學會的會計並未呈交正確的帳款紀錄。雖然卡林頓沒有譴責會計的不誠實，但他的確問了一些調查財務的問題。最後，他要求對帳目進行信任投票。艾瑞爵士和學會的其他主管拒絕同意卡林頓的要求，他便自行出版了一本小冊子，陳述他對學會帳目應該如何呈現的看法。它的標題是「收入帳目和現金帳目：一場騷動」。他原本是學會最可靠的主管，現在卻成了眾人的眼中釘。

當體力稍微恢復後，卡林頓終於鼓起勇氣賣掉討厭的釀酒廠。雖然他才三十九歲，他卻決定退休靠著收益過活，並重回天文學的懷抱。就跟十年前一樣，他開始尋找建造住所和天文台的地點。他在薩里郡的雀特村發現一個地點。這裡有一座高十八公尺的圓錐形小丘，大家稱之為「中等魔鬼障礙」。有人挖了一條通到小丘中心的隧道，可能原本想造避暑洞穴，可是沒有完工。卡林頓想像若建造地下天文台，裡面的溫度就可以保持穩定。望遠鏡剛好伸出地面，就不用花錢建造放置望遠鏡的新建築物。於是他買下土地，準備在山腳下蓋一棟大房子，正好可以清楚看到當地一間叫做「魔鬼障礙」的酒館。

村民很歡迎卡林頓，他不久就接下當地英國國教學校的經理職位。在雀特的前幾年，他過著平靜的單身漢生活，在洞穴裡的天文台消磨時間，也把一些不重要的觀測成果送給皇家天文學會。結果，有些鄰居開始起疑，在村裡散播謠言。謠傳卡林頓造了一副有玻璃蓋的棺材，一定在進行什麼惡毒的計畫。事實上卡林頓正在建一座大鐘，要放在他的天文台裡，當地人看到的其實是裝鐘擺的箱子。

一八六八年，他的生活再度遭逢劇變。某天傍晚，卡林頓沿著倫敦的攝政街散步，他碰到了一見鍾情的對象。他靠近那位貌美如花的女性，並和她攀談。他知道她的名字叫做羅莎，和哥哥羅德威在克里夫蘭街租屋居住。聽到羅莎還是單身，卡林頓鼓起勇氣說服她晚上一起去看戲。那天晚上結束之後，他安排了第二次見面。

羅莎沒受過什麼教育，只看得懂幾個字，拿筆寫字則完全不行。對一個劍橋大學的畢業生來說，她似乎不太可能會是另一半，然而，儘管他們的教育程度有如天壤之別，但兩人還是開始約會。這段期間羅莎仍繼續和哥哥住在一起。卡林頓有時會去拜訪，因此認識了羅德威。在某次前往約會地點的途中，卡林頓取得特別的結婚許可，然後向羅莎求婚。她拒絕了，不過兩人依然繼續見面。卡林頓耐心等待，不放棄追求羅莎。一八六九年夏天，他又帶著結婚許可去找羅莎。這次他帶了遺囑並讀給羅莎聽，講明他個人的財產有兩萬五千鎊，在當時是一大筆錢。他承諾會在遺囑裡留下充裕的財產給羅莎，然後再次向她求婚。她答應了。

一八六九年八月十六日，兩人結婚了。在結婚證書上，卡林頓登錄的職業是「士紳」，羅莎則畫了個十字代表簽名。典禮結束後，他們前往巴黎度蜜月。回到英國後，羅莎拒絕和卡林頓一起住在雀特，她說這麼做並不適當，她要先接受足夠的教育，才有資格成為士紳的妻子。她希望能在巴特希租一間房子和哥哥一起住。卡林頓於是幫她付了房租，然後獨自回到雀特，偶爾他會去看羅莎，享受作丈夫的權利。

就這樣過了將近兩年聚少離多的婚姻生活，卡林頓已經失去耐心了。不管羅莎是否接受足夠的教育，他堅持要她離開哥哥搬到雀特定居。為了讓羅莎答應，他拒絕再幫他們付房租。羅莎搬到雀特後，村子裡又有新的閒言閒語出來。卡林頓常常不在家，有時候一出門就好幾天，當地人議論紛紛，只要主人不在，就有一個英俊的男人偷偷摸摸來訪。

一八七一年八月十九日星期六，接近正午時分，卡林頓家的門鈴響了。坐在起居室裡的羅莎攔住家裡的傭人，說她要自己去開門。一看到羅德威站在門口，羅莎往後退，企圖把大廳和廚房之間的門關上，但門卡在粗糙的椰子殼地墊上，並沒有完全關起來。廚子覺得女主人有不可告人的秘密，便從門縫偷看，僕人也在後面湊熱鬧。這兩人當然都想知道秘密，這樣才可以在村子裡提供八卦。她們立刻認出來這男人是誰，因為今天早上他就在山丘上徘徊。

羅莎走下前門的台階，順手拉上門。羅德威拄著柺杖在門前繞來繞去。他要羅莎還他一件外套、一條圍巾、一隻小狗和欠他的三鎊。羅莎要他去「魔鬼障礙」酒館等她，她會把圍巾跟外套送過去。但小狗則要等她的丈夫回來才能處理，因為結婚後不久，羅德威就把小狗送給卡林頓了。羅德威用柺杖撥動地上的塵土，並要羅莎看著，他說：「要不是我，你連土都不如。」然後就轉身離開。羅莎看著他走到轉角然後又回頭。羅德威大步走過來控訴她：「你是一個壞女人！」並舉起手臂作勢要攻擊她。這時羅莎才看到他手裡的刀子，十幾公分長的閃亮刀刃朝向她的心臟落下。

情急之下她舉起左臂抵擋。驚人的力道讓刀子俐落地切開她左臂的皮肉，從第四根和第五根肋骨中間穿進她的胸膛。羅德威拔出武器，羅莎踉蹌地退回屋裡，黑色的絲質洋裝上沾滿了鮮血。她大聲尖叫，跑回大廳。羅德威的刀子又刺了下來，這一次從背上深深插進她的身體。羅莎倒在靠近大廳火爐旁邊的地上。她轉過身看著攻擊她的羅德威。

羅德威繼續逼近，然後在羅莎身旁跪下。他對著她沾滿鮮血的胸口伸手過去，一把抓住她的衣服，把她從地上拉起來，並伸手拔出她背上的刀子。她可憐地乞求他原諒。「會的，我會原諒你的。願上帝保佑你。」羅德威說完後跨坐在羅莎身上，再度舉高刀子。羅莎從門縫裡看到廚子躲在門後偷看，便大喊要她幫忙，但廚子早已嚇得目瞪口呆，完全幫不上忙。僕人則跑去找人求救。

絕望的羅莎伸手去搶刀子，手指也割破了。她只好抓住羅德威濃密的鬍子用力拉扯。但當羅德威再度攻擊時，他居然對著自己猛刺。他在自己的胸膛上刺了六、七刀，鮮血噴濺到大廳的地板上。

「不要啊！不要！快把刀子丟掉！」羅莎哭喊。

她的話對已經瘋狂的羅德威發揮了作用，他把武器放下。羅莎抓住機會，脫離羅德威的壓制，從前門逃走。她被攻擊得暈頭轉向，而且流了很多血，跌跌撞撞地跑向酒館。羅德威一下子就追上她，抓住她的手並說：「這一切很快就會結束了，我們到天堂再會。」

酒館的人看到眼前上演血淋淋的可怕場景，有人嚇得跑走了。幾個人抓住羅莎，扶她走進酒館。一位目擊者跳上馬車，到十公里外的法恩罕找醫生。也有人去叫警察。一位退休的海軍軍官對著羅德威厲聲大喊：「住手！」羅德威並未反抗，他說：「我已經完成該做的事了，如果我傷害了羅莎，那麼我深感抱歉。」退休軍官帶他走進酒館時，羅德威聲稱他其實是要在羅莎面前自殺。

在酒館裡，羅德威要了紙筆和墨水，用顫抖的手靜靜地寫了一封信，然後裝入信封中，他將信連同一便士郵資交給了酒館主人。警察很快就到了，立刻逮捕羅德威。星期一早上，他在法恩罕地方法官面前受審。法院裡擠滿了民眾，法官讀出他的罪狀。羅德威則不斷啜泣，也不時嘆氣。法庭得知卡林頓夫人受傷太嚴重，無法出庭。羅德威又被拘留了一個星期，警方也開始調查。一個星期之後，羅德威又到法院受審，警察已經得到一個無可爭辯的資訊。羅德威並不是羅莎的哥哥。五十二歲的羅德威曾在騎兵衛隊服役，和二十六歲的羅莎同居了好幾年。當聽到這些內容時，卡林頓本人面無表情地坐在法庭裡。據說卡林頓給了羅德威兩千鎊，他才同意羅莎嫁給這位天文學家。但他克制不了嫉妒，才想殺死羅莎。

村子裡愛講閒話的人又有題材了。這表示羅莎騙了卡林頓，說羅德威是自己的哥哥，掩蓋了兩人是法定夫妻的同居事實。即使跟卡林頓結了婚，她還繼續騙他。當她堅持要跟哥哥住在一起接受教育時，其實是給卡林頓戴綠帽，還用他的錢支付兩人的生活費，羅德威已經放棄工作，讓名義上的妹夫養自己。

但卡林頓自己也有秘密。他早就發現實情，才會強迫羅莎和他一起住在雀特。他以為搬到人煙稀少的鄉下後，就能切斷羅莎對羅德威的愛戀，從此之後就沒有人知道這樁醜聞了。沒想到，現在家醜被揭開並要接受公開審判。

過了幾個月，一八七二年三月進行春天大審時，法院審理這件案子。卡林頓冷靜地聽著證詞。據說羅德威「高大英俊，聰穎的外表充滿魄力」。他說出一八六五年他和羅莎在布里斯托是如何認識的。那時他在「拇指仙童」馬戲團工作。兩人相戀後移居倫敦，羅德威開了一家酒館。然後羅莎遇見了卡林頓，開始這段三角關係。羅德威認為，講好聽一點，羅莎不知道應該選誰，講難聽一點，她兩個人都想騙。

就在羅莎要搬到雀特的前一天晚上，羅德威交給她幾個寫好地址的信封，他們也約好了暗號。如果不識字的羅莎在信紙上畫了十字，就表示她可以來倫敦，如果畫了幾個點，就表示羅德威可以到雀特去。他描述他們如何用暗號繼續這段婚外情。同時，失去羅莎的絕望讓羅德威揚言要到國外找工作，希望長期離別的威脅能贏回羅莎的心。當這個方法也不管用時，他就決定要在羅莎面前自殺。他進入倫敦牛津街上的店鋪要求看刀子。店家給他看的第一支他嫌太小，又細看了幾支其他的武器，才決定要買有彈簧的五吋刀，刀刃和把手之間還有扣環，可以當作刺人的匕首。

羅莎傷得很重，他解釋說這是因為羅莎妨礙他自殺。他用刀子刺自己時，不小心刺到她了。然後她在走廊上跌倒，剛好跌在刀子上，背部才會受傷。

當羅莎嚴詞反駁羅德威的說法時，他不斷哭泣。但罪行發生後，他在酒館寫的那封血跡斑斑的信卻成為他被判刑的證據。他在信上寫：「我刺到了那女人的心臟，我希望。」羅德威的法務顧問辯解，虛弱的羅德威沒把句子寫完，他本來要寫：「我希望我聽錯了。」然而，陪審團退席討論裁決時，只花了五分鐘的時間商議。羅德威犯了傷害罪及意圖謀殺罪。

在法官確定刑責前，他要求陪審團考慮最後一個證據。他傳喚之前在監獄擔任獄吏的格薩德作證。格薩德說自己第一次看到羅德威是在二十三年前。那時候羅德威叫做史密斯，由於失手殺了一位名叫瑞貝卡的女性，要在監獄服一年苦役。羅德威立刻否認這項指控，陪審團也要就此做出決定。羅德威真的就是史密斯嗎？如果真的是，那就一定要判他死刑了。

陪審團因證據不足而拒絕接受格薩德的指控。法官告訴羅德威，他還是會被判重刑。如果他真的如自己所願殺了羅莎，他就會被判絞刑。還好上天救了羅莎一命，但羅德威罪孽深重，必須服苦役二十年。他平靜地聽完判決，然後就被帶走了。幾年後他死在獄中。

✽ ✽ ✽

審判結束後，卡林頓企圖忘了這場鬧劇，和妻子過平靜的生活。不到一年，一八七三年一月，他簽了新的遺囑，要把所有財產留給羅莎。卡林頓會定期地前往倫敦參加科學會議，了解最新的發展。太陽現在是最多人觀測的天體。可想而知，科學家也有很多新發現。艾瑞曾公開懷疑太陽與磁暴的關係，但新的發現證明他錯了。很多人都想不透，為什麼在磁性活動密集時看不到更多類似卡林頓的閃焰。現在已經找到答案了。

答案來自於使用本生和克希何夫提出的光譜分析法的天文學家。閃焰的確出現了，但除非達到異常的比例，否則無法用肉眼看到。但使用分光鏡時，就可以清楚看到閃焰。當吸收氣體深色的夫朗和斐線變成明亮的放射線時，表示氣體突然變得非常熾熱，就是閃焰出現的時候。研究太陽光譜的天文學家愈多，就看到愈多倒轉的情況。通常這些分光鏡看到的閃焰出現在太陽黑子上，就像卡林頓的「白光」閃焰，一般會持續好幾分鐘，跟卡林頓的閃焰持續時間差不多。當比較地球上磁暴及極光的發生時，似乎也和分光鏡閃焰有高度一致性。

愈來愈多的天文學家開始相信，卡林頓的閃焰是促使磁暴及極光發生的一個特殊異常例子。然而，艾瑞的懷疑論並未完全遭到推翻，主要是因為天文學家還不知道導致太陽閃焰的詳細成因、磁力如何穿越太空，以及為什麼閃焰出現後才有磁暴和極光。不幸地，對卡林頓來說，這最終的答案來得太晚了。一八七五年，他又再次遭逢悲劇。

經歷羅德威的攻擊事件後，羅莎受到嚴重的創傷。醫生為她開了具鎮定作用的水合氯醛處方，她晚上吃了比較好入睡。卡林頓似乎也對這藥上癮了。❶ 十一月十七日，羅莎一睡不醒。大家都認為她服用了過量的藥物而死亡。這種鎮定劑劑量超過幾公克就會直接影響腦部神經，導致心臟和肺臟麻痺。驗屍工作在「魔鬼障礙」酒館進行，驗屍官確認死因是窒息。他嚴厲斥責卡林頓沒有妥善監督妻子的用藥劑量。這當然又種下了更多謠言和八卦的種子，村民懷疑卡林頓故意給羅莎過高的劑量。

卡林頓決定遠走高飛。他辭退了僕人，離開雀特。聽說他前往寡母居住的布萊頓。一個星期後，有人看到他回到空蕩蕩的房子。過了幾天，卡林頓家又一片死寂，村民開始覺得擔心。

警察接到報案，兩位警員破門而入。一開始房子裡好像沒有人，但繼續搜查時，發現僕人的住所有一扇門被鎖住了。得不到回應之後，他們再次破門而入，卻發現了卡林頓的屍體。

他躺在床墊上，床墊從床上被搬了下來，放在床架和壁爐之間。他的背部轉向一堆熄滅的灰燼，頭上綁了一條手帕。在檢驗時，驗屍官發現卡林頓將茶葉搗成糊藥敷在左耳上方，然後才倒在床墊上。房子裡散佈奪走羅莎性命的水合氯醛空瓶。

驗屍官判定他是自然死亡，可能是腦部出血。但當卡林頓死亡的消息傳開時，大家都猜他是自殺，原因是謀殺不貞的妻子而感到良心不安。

皇家天文學會登出了全版的訃聞，裡面當然沒有提到他和幾個學術圈（包括學會本身）的小衝突。然而，即使卡林頓在遺囑中各留下兩千英鎊給皇家天文學會和皇家學會這兩個學術組織，但皇家學會卻讓卡林頓的死訊就這樣平淡過去。

卡林頓死前兩年簽了最後一版遺囑，要求將他埋葬在「魔鬼障礙」的土地那裡，不需要製作墓碑，也不要舉辦儀式，喪葬費用不可以超過五英鎊。他也明確規定墳墓深度應該介於三公尺到三點六公尺之間。在當時為了對付盜墓者，這樣的預防措施是可以理解的。另外一項指示可以看出，雖然卡林頓一生對宗教信仰敬而遠之，但他仍有一些迷信。他要求死後不要幫他

---

❶ 十九世紀末，水合氯醛和酒精混合成為一種名為Mickey Finn的酒，一位芝加哥的酒館老闆暗中給顧客這種飲料，然後再洗劫他們，因此得名。

刮鬍子或換襯衫。當時的人一般都認為，如果人剛死後，女巫就拿到這個人的毛髮或身體分泌物，就可以佔有他的靈魂，讓他無法到達天堂。明顯地，卡林頓希望避開任何的可能性。

卡林頓的母親決定不理會將他埋葬在天文台小丘上的要求。他和羅莎都埋葬在倫敦西諾伍墓園的家族墳墓裡。墓石上刻著拉丁碑文，意指「因此我們到達星星」。

還好，對天文學界來說，卡林頓的學術繼承人已經默默開始工作了，收集了大量的太陽黑子資料，準備雕刻出無人能夠推翻的科學偉物。

他的繼承人就是蒙德（Edward Walter Maunder）。

第10章 太陽的圖書館員

【一八七二年～一八九二年】

在卡林頓去世的前三年，二十一歲的蒙德在倫敦的一家銀行工作。一八七二年年底，他看到皇家天文台徵求助理的公告。通常這都會要求具備蒙德所沒有的學位資格，但這份助理職位卻只要求應徵者參加倫敦的專員考試。這是英國第一次舉辦這種考試，目的在於改革行政部門，把工作指派給有能力執行的人，而不是有正式資格的人。用這種方法，政治學家希望職位能更公平地指派，因為大學教育仍主要由有錢有權的人包攬。

對蒙德來說，這個機會太完美了。他強烈的好奇心從沒有機會透過正規的教育接受充分的培養。十幾歲的時候，他看到一個現象，激起他在天文學方面的想像力，尤其是太陽天文學。一八六六年二月，走在放學回家的路上，他看到太陽低懸在西方的天空中，沉重的球體部分被霧氣覆蓋住。十四歲的蒙德看得入迷。在紅色的表面上，有一個清晰可見的黑色斑點。他覺得看起來像釘子被釘到太陽裡去了。❶

蒙德被太陽黑子嚇了一跳，他第一次看到太陽上出現奇怪的景象。他看了很久，過了幾天，太陽黑子又出現了。當太陽落到霧氣後面，消失在地平線之下以前，他再次看到太陽黑子。它已經移到太陽的另一邊。蒙德很想追蹤太陽黑子的進度，迫切等待下一次適合觀測的時機。兩三天之後，氣候條件很適合觀察，但太陽黑子卻消失了，被太陽毫不停留地轉動帶離了視線。

蒙德的家境不好，但信仰非常虔誠，蒙德的父親是衛理公會的牧師，教義主張不可以因不同階級、種族或性別而歧視他人。當蒙德被一種會讓人衰弱的疾病侵襲時，他的雙親除了禱告之外無人可以求助。他們已經失去一個兒子，很害怕蒙德也會早夭。

還好，他們不必再承受喪子之痛；蒙德撐過來了，花了一段很長的時間才恢復健康。生病和恢復期間無法上學，好動的蒙德走遍克羅伊登，用自己的步距測量街道的長度，並用肉眼估計每個街口的角度。他把數據帶回家，畫出克羅伊登區的比例地圖。

一八七一年一月，由於對科學很有興趣，他進入倫敦國王學院就讀，主修化學、數學和自然哲學（不久之後改稱為物理）。國王學院由英王喬治四世和他的首相威靈頓公爵於一八二九年成立，提供高等教育給無法進入牛津和劍橋的學生。國王學院也收女學生，還有因必須工作賺錢只能上晚間課程的人。

蒙德入學後不久，約翰赫歇爾歿於肯特郡的豪克赫斯特，享年七十九歲。《倫敦時報》哀悼「歐洲科學界最傑出的成員」去世了。曾和他在皇家學會共事的人覺得「最傑出」還不足以形容他。學會的訃聞寫道：「自從牛頓去世之後，英國科學界所遭遇到的最大損失莫過於此，且無法彌補。」後文頌揚他的學說所帶來的影響，喚醒大眾感受科學的力與美，以及他對學術界從事科學研究的鼓勵和引導。

不同於卡林頓低調的喪事，約翰赫歇爾埋葬在西敏寺教堂，還有唱詩班全程陪伴。朋友、

❶ 在米爾頓（John Milton）的《失樂園》中，他描寫撒旦降落在太陽上，留下的足跡就像透過「玻璃光學管」（望遠鏡）看到的太陽黑子。

親屬和前來弔唁的民眾湧入大教堂，在極盡哀榮的喪禮結束後，他的遺體埋葬在牛頓旁邊。

約翰赫歇爾去世時，英國科學界正面臨緊要關頭。很多人認為除了天文學之外，其他的學術領域也需要新的協調力量。他們認為政府失職，沒有給科學家足夠的支援。不滿現狀的人很嫉妒歐洲各國都有公立天文台，利用光譜分析進行全新的天文研究，並探索天體的物理本質。顯然這才是科學進步的正途。傳統天文學必須讓出舞台給新科技，就是所謂的「天文物理學」。

異議人士的聲音愈來愈大，英國科學界的少數權威人士開始覺得有壓力，要尋找更年輕的改革人士。在一八四〇年代擁護磁場聖戰的薩比恩，歸納出太陽的磁力會影響地球，現在他必須為自己的事業奮鬥。八十多歲的他在皇家學會當了十年的會長，遭到尖刻的控訴，指他偏好物理科學，忽略自然科學。原本能夠靈巧避開批評的他卻無法承受壓力，便辭去會長職務，決定退休。

在革命愈演愈烈幾乎要失控前，政府必須採取行動了。他們指派了一個特殊的委員會來調查英國科學界的現狀，並提出改善建議。委員會的主席是第七任德文郡公爵卡文迪許（William Cavendish），委員會成立後，便開始聽取代表的評論。有些皇家天文學會的成員認為這是一個好機會，可以永久改變英國天文學的面貌。

陸軍軍官史川吉（Alexander Strange）上校曾擔任過皇家工程師和皇家砲兵。他熱烈擁護新派天文學，並強烈主張要設立國立的天文物理實驗室。史川吉對英國天文學的管理方法充滿強烈的憎惡，尤其是皇室天文學家從格林威治施行的種種束縛。如果史川吉可以說服德文郡委員會建立和格林威治沒有瓜葛的天文台，以便復興英國的天文學，他就能完全脫離皇室天文學家的掌控。但要達成這個目的，他需要其他天文學家公開表示同意，這就很難安排了。

艾瑞擔任皇室天文學家將近四十年，他一直是個忠誠的公務員，政府很信任他對科學及工程事務提出的忠告。他曾參加過討論各種主題的委員會，例如英國各地鐵路的標準規格，以及如何讓大笨鐘準確報時。在史川吉決定展開攻擊的那年，艾瑞受封爵士以彰顯他的高度貢獻。

艾瑞爵士，皇室天文學家（一八三五年至一八八一年）。（圖片來源：英國皇家天文學會）

要向德文郡委員會提出證詞的前一晚，史川吉上校親自前往皇家天文學會，想要找人支持他充滿爭議的觀點。他認為要召集志同道合的會員一起開戰，這就是最好的時機。艾瑞的力量已經老化，他忠誠的後衛部隊也老了。皇家天文學會的會員和渴望了解天體的人對新科技和天文物理學技巧興趣愈發高漲。光在一八六〇年代，會員人數就從三百八十人增加到五百零九人。史川吉想要用煽動的方法扭轉他的簡報〈現有國立天文台嚴重不足之問題〉，會合年輕的新血組成新的勢力。他的中心思想是格林威治已經完全用在傳統的方案上，無法滿足有效增加新方案的期望。艾瑞最近提議要建造新的天文台，專門用來觀測木星的衛星，史川吉認為這就表示皇室天文學家自己也覺得工作量太大了。

雖然史川吉儘量避免直接批評艾瑞，但他話中之意卻很明顯，他認為艾瑞牢牢遵從天文學的原本目的，已經讓歐洲的天文學家有機會超越英國的成就。艾瑞並未鼓勵新一代的天文學家超越科學範疇，反而死抓著舵柄不放，英國天文學透過百年來觀測星空奠定了航海技術，可是現在卻故步自封。繼續鑽研這種技術並無法讓航海技術更加精進，反而沒有意義。然而，相關的工作仍是格林威治的重心。

艾瑞不是不懂新科學的蘊含，他從沒想過要當天文學的先驅，反而覺得自己是最重要的公務員，受到政府信任。史川吉覺得艾瑞大部分的心思不在探索宇宙上，而是維持天文台的例行公事和達成出版目標。史川吉認為，了解太陽就是天文物理學研究的重心，格林威治無法支援他們的努力，未知領域的探索怎麼能有時間表呢？誰知道什麼時候會出現重大的突破？正如薩比恩發現磁暴跟著太陽周期起落，天文學家可能要收集好幾十年的資料，才能讓數學家找到有用的數據。他指出，太陽黑子的變化性如何影響天氣這個問題尚無解答，為了附和老赫歇爾探索太陽的正當理由，太陽是地球生命和能量的終極來源，對地球上的居民來說，難道還有其他議題會比這點更加重要嗎？

這項崇高的議題迫在眉睫，因為德拉魯最近宣布他即將退休。他掌管寇烏的太陽照相儀將滿十五年，人手不足時為了確保資料完整，他也要親自動手。一八六一年，他不得不把太陽照相儀從寇烏搬走，送到他在克蘭弗德的私人天文台，以便處理事務時也能隨時進行拍攝。一年之後，德拉魯將照相儀送回寇烏，天文台的一名助手指定由他的女兒負責拍攝，暫時解決了員工短缺的問題。年輕的貝克莉小姐觀測時非常勤勉，皇家天文學會的月報上也匿名褒揚她的效勞：

白天她展現出女性獨有的耐心，靜靜等待拍攝太陽的機會，從不放過任何一個拍攝的好時機。即使在烏雲密佈的日子，大家都認為幾乎不可能有新照片了，她也會等待烏雲出現縫隙，實在非常難得，因此在寇烏隨時都有紀錄。

德拉魯決定在一八七二年退休，放棄太陽攝影，寇烏的行政編制正好也有變化。皇家學會從BAAS（英國科學促進協會）取得支配權，等德拉魯退休後，也要停止太陽攝影。史川吉聽到放棄太陽攝影的愚蠢決定後氣壞了。他考察過史瓦貝、卡林頓和德拉魯的詳細觀測紀錄；幾乎無法相信皇家學會準備要終止五十年來的持續觀測。他告訴皇家天文學會的成員這個決定很糟糕，他們必須立刻避免「這種罪惡」發生。史川吉認為，國立的天文物理實驗室能夠訂下要研究的工作事項，就能避開這種情況。

會議上爆發爭論。艾瑞立刻起身還擊。首先他提醒聽眾，民眾不想把錢花在科學研究上。

接下來，他以史川吉提到太陽和地球之間的關聯為例。儘管證據愈來愈多，艾瑞仍不相信地球和太陽之間除了陽光之外還有其他關聯。他聲稱他看不出「探索起因」有什麼正當的理由。設置國立天文物理學實驗室的想法也遭他奚落：「不成立哲學性質的機構是政府的職責，民間團體無可置喙。」

史川吉不知道艾瑞還有一張王牌；他已經和德拉魯及寇烏天文台開始協商，要把太陽照相儀送到格林威治，繼續每天拍攝太陽。艾瑞不反對收集資料的例行工作。工作的目標很明確，可以接受財政部的審核，也可以評估是否符合經濟效益。他也私下徵求建議，要知道如何在格林威治進行分光鏡的工作。

兩人的爭執接下來由德文郡委員會審查。艾瑞說明新的工作就在格林威治進行，不過他需要更多的員工，自己也要付出更多心力。他不認為觀測科學（這就是他對新派天文學的看法）的方法需要改變；應該要留給有熱情、有工具的人。只要有足夠的幹勁，現今的系統就足以讓科學家專心投入。證實了自己的價值，也證明他們研究的科學非常寶貴之後，皇家學會和其他贊助人就會提供小額的資助。哈金斯（William Huggins）就是一個例子，他充滿活力，利用政府的資金進行研究，為了表揚他，皇家學會送他一支特製的高品質望遠鏡，可以利用新的光譜分析技術，獨自完成研究工作。哈金斯定期在皇家天文學會報告他的發現，也刊登在學會的月報上。

史川吉責難艾瑞的態度，認為這個例子所展現出的精英論應該是維多利亞時代的英國應該避免的。有錢有閒的人當然可以追求科學興趣，但科學研究不能只靠這些人提供結果。沒有適當的訓練和明確的研究目標，天文學不免流於個人的異想天開。就算真的有人達到世界級的水準，如果他改變興趣或死亡，研究方法也多半化為烏有。長期的大規模科學研究才能恢復英國在天文學界的龍頭地位。就史川吉而言，就是要建造國立的天文物理學實驗室。史川吉不覺得哈金斯是英雄，而是一個出名的惡棍。哈金斯在光譜分析的新領域中表現出十足的天份。然而，他並未利用自己的專業知識和政府提供的設備鑽研太陽本質及其與地球氣候的關聯，反而浪費在研究太陽和其他星體的光譜差異上。史川吉認為這就是公然怠忽道德職責。他一生大部分的時間都在印度服役，曾帶頭測量該國的經度，也親身體驗過天氣變化帶來的災難。就算只有萬分之一的機會透過研究太陽黑子來預測季風造成的乾旱，緊急儲備物資以減輕人民的苦痛，史川吉覺得這就是政府該花錢的地方，而拿錢的人應該被迫鑽研其中的關聯。

萌芽的革命繼續擾嚷。到了五月，少數皇家天文學會成員跳出來支持史川吉的美麗新世界，建造獨立的天文物理學實驗室。大多數人則偏向拓展格林威治的規模，納入天文物理觀察，繼續資助有貢獻的個人。權衡兩造的意見時，艾瑞透露他已經開始的計畫，要在格林威治同時發展太陽攝影學和光譜學，皇家天文學會最後選擇支持皇室天文學家，史川吉的政變就此落敗。

現在艾瑞只需要更多員工就能實踐計畫。蒙德出場的機會來了。雖然一八七二年第一次的考試失敗了，他考了第三名，但要前兩名才能得到職位；第二年他再考一次，在一八七三年十一月六日得到攝影儀和分光鏡助手的職位，主要負責太陽天文學。但一到格林威治，這位年輕人發現很難適應這個環境。

艾瑞把員工塑造成靈巧的機器，也確定眾人付出的努力都能得到同等的回報。回到一八二六年，當時艾瑞接受劍橋大學盧卡斯教授席位，這份在學術界充滿名望的職位每年只有九十九英鎊的薪資，跟銀行職員差不多。在擔任皇室天文學家期間，他幫助手加薪，助手每年可以拿到好幾百鎊，大約是大學天文台助手薪資的兩倍。他們每天正式工作的時間為五小時，每年有一個月的假期，六十五歲就可以拿到退休金。也難怪蒙德來這裡工作之後，他發現格林威治的正式助理服務最久的已經有三十七年的資歷，最短的也有十五年。艾瑞期望大家按他的方法做事，絲毫不能有差錯，才能享受優厚的工作條件。但蒙德卻不符艾瑞所期望。

過去出現空缺時，艾瑞會親自挑選填補的人，也幫其他掌管大學天文台的人挑選員工，也才會讓卡林頓經歷痛苦的遭遇。這套新奇的考試制度卻逼艾瑞接納他不想要的人，尤其是沒有學位的人。他在一封信裡提到蒙德是「我見過最無可救藥的蠢蛋——真的選錯人了」。

蒙德自己也很害怕這位脾氣暴躁的皇室天文學家。七十多歲的艾瑞稍有駝背，金屬框眼鏡緊緊壓在眼睛上，在天文台內四處巡視。披著黑色雙排釦長外套，豎起的襯衫領用綁緊的領結固定。艾瑞不管走到哪裡都對員工有意見。有一次，他擋住了蒙德的去路。雖然蒙德已經在天文台工作一年了，但看到皇室天文學家還是讓他嚇得發抖。他抖得很厲害，把一瓶用來沖洗每天太陽照片的顯影化學品掉在地上。這次意外事件讓艾瑞氣得寫信向海軍大臣抱怨他們的任命。在家人的支持下，尤其是他的哥哥湯瑪斯，蒙德繼續天文學志向，最後終於習慣了格林威治的制度。幾年後，蒙德和艾迪絲在衛理會教堂舉行婚禮，建立自己的小家庭。

這時毫無預警地，來自印度的重大消息帶給天文學家很大的壓力。季風並未帶來雨量，廣大的次大陸上出現了如聖經中記載的饑荒。數百萬人瀕臨死亡，英國殖民地政府極力拯救愈來愈絕望的人民。前所未有的災難刺激了所有領域的科學家，但他們卻可悲地產生了不合時宜的信念。科學家想利用這個機會教導印度人該怎麼管理國家❷，於是便開始尋找預測天氣的方法。一八七五年，印度氣象部在浦那成立，將幾個區域性的機關合併成可以長久營運、有專人指導的組織。

很多人注意到極光是大氣的現象，老赫歇爾在世紀之交提出太陽黑子影響氣候的理論又讓他們重拾興趣。但要證明真有這種關聯時，他們立刻就碰到問題。要測量什麼才能描述天氣的特性：氣壓、溫度、降雨量？還有其他的考量嗎？約翰赫歇爾建立了很多氣象觀測站來輔助薩比恩的磁場聖戰，這些氣象站收集到很多資料，很多薪水微薄的「無名小卒」（通常是有算術

❷ 現代歷史學家追溯印度這幾次悲慘饑荒的起因時發現，除了氣候因素外，饑荒也跟英國殖民統治脫不了關係。帝國主義政府在種植生活所需物資的農地上改種出口到國外的農作物，限制國內的交易，把有價值的食物送到國外。有些區域即使農產豐富，也無法在饑荒時援助乾旱地區。據說在饑荒最嚴重的時候，市場裡仍有食物出售，但通貨膨脹卻讓窮人買不起食物。

天分的孩童，每次輪班都要工作十二個小時）詳細檢查這些數字，試圖找出跟太陽黑子周期有關的資料。

剛開始他們找到了一些很有希望的巧合。在太陽黑子數目最多時，印度的平均氣壓似乎會降到最低。同時，印度洋上的暴風雨也最為頻繁。世界其他地區也出現更多有關聯的現象。蘇格蘭和南非記錄到最低氣溫、美國大幅增加的降雨量導致五大湖創下最高水位的紀錄。科學家愈來愈懷疑太陽黑子與氣候的關聯，而這個說法在十九世紀末也成為學校的教材。但其中的細節依然讓人摸不著頭緒。

數學家耶方斯（William Stanley Jevons）發現太陽黑子的周期影響氣候和經濟。十九世紀中期以來，維多利亞時代的人就發覺貿易活動大概每十年會循環一次。經濟成長與衰退的因素似乎還沒有解答，耶方斯突然想到十年一次的經濟循環跟太陽黑子十一年的周期很相近。他展開調查，挖出老赫歇爾調查農作物的紀錄。他找出小麥、大麥、燕麥、豆類、豌豆、野豌豆和裸麥價格的歷史資料。算出平均價格後，他非常訝異，原來這些數字也每隔十一年就循環一次，商品價格在第三年或第四年到達最高點後，接著就會開始下降。耶方斯非常興奮，急忙在剛創刊的科學期刊《自然》上發表他的成果。

他的成果因定義不清的資料和模糊的數學條件立刻遭受批評。為了證明他的結果，耶方斯也發現他計算平均價格的方法會影響結果。如果他稍微改變準則，就會發現不同的周期變化。找不到決定性的資料來證明太陽黑子會直接影響英國的收成，他轉而尋找其他的關聯。

正當英國人從一八七〇年代的經濟蕭條中求生存、印度人因氣候災難而吃盡苦頭時，耶方斯發展出新的假設。現在有更多人相信太陽黑子周期會影響氣候，他假設在饑荒發生時，印度人和其他熱帶國家對英國商品的需求降低，加速經濟不景氣。因此貿易循環仍跟太陽黑子的最大期及最小期有關，只是沒有直接的關聯。

耶方斯的新想法並不能完全讓批評他的人閉嘴，有些天文學家覺得他的推論太離譜了。《倫敦時報》和《經濟學人》登出了一些直率的回應，指出他的分析前後矛盾。耶方斯勇敢捍衛他的理論，在有生之年繼續修改。一八八二年，他過世的那一年，他又發表一篇同主題的論文。但大眾在前一年突然對太陽黑子和氣候之間的關聯失去了興趣，而他最新的分析結果也乏人問津。

英國政府的首席印度氣象學家布蘭佛（H.F. Blandford）向饑荒委員會報告，太陽黑子數目和季風範圍之間並沒有簡單的關聯。雖然可以追溯出某種型態，但根據太陽觀測做出的氣象預報立刻就變得不準確了。布蘭佛說，如果真有關聯，也不夠明顯直接，所以並沒有用。過了不久，他證明喜馬拉雅山上的降雪量可以用來預測季風帶來的雨量，這是人類史上第一次做出的長期氣象預報。布蘭佛的方法很成功，再也沒有人在乎太陽黑子和天氣預測的關係。

太陽黑子和氣候的關聯從此銷聲匿跡，同時退場的還有懷疑精神很強的艾瑞。擔任皇室天文學家四十六年後，八十歲的艾瑞在一八八一年退休。他從天文台的宿舍搬到附近山腳下靠近格林威治公園的郊區，以便繼續監督天文台的一舉一動。他也準備完成他的月球理論；他希望能計算出太陽系其他天體的重力影響，解釋天文學家測量到的月球軌道擾動。

這時，蒙德對艾瑞的專業才能尊敬有加，但仍覺得他的做法很專橫。艾瑞退休後，蒙德當然也鬆了一口氣。只要天氣配合，蒙德就繼續每天拍攝太陽的照片，也和新來的皇室天文學家克利斯帝（William Christie）相處愉快。雖然克利斯帝之前就是艾瑞的首席助理，但被選為繼承人時，他還真的嚇了一跳。他的態度溫和、觀念清楚。格林威治觀光局要求克利斯帝低調地進行改革時，他馬上把太陽天文學列為第一優先，訂購新的設備，讓蒙德可以測量太陽黑子的面積，也換了一座太陽照相儀，蒙德就能更順利地追蹤太陽黑子每天的變化。

卡林頓的知識繼承人蒙德。（圖片來源：英國皇家天文學會）

升任為格林威治太陽部門的主任之後，只要天氣晴朗，蒙德每天都會到太陽觀測站兩次，轉開尖塔屋頂的把手來觀測太陽。太陽照相望遠鏡的孔徑有十公分，陽光充足時，蒙德常裝上擋板，調成僅七點六公分。為了減少陽光和防止底片過度曝光，太陽照相儀有個很聰明的裝置，可以只讓底片曝光千分之一秒。望遠鏡上有道橫越直徑的凹槽，上面裝了一塊銅片，銅片上面有條細縫。要用望遠鏡攝影時，他把銅片固定好，陽光就不能從遠端有照相機那一頭進來。把望遠鏡對準太陽，再牢牢裝好底片，就可以放開把手。強力彈簧把銅片往下推，讓細縫掃過集中的光束，直徑只有一點五公分，能進來的光線就很少。然後鏡頭會放大光束，產生太陽表面直徑足足有二十公分的影像。影像落在底片上，蒙德會迅速送去沖洗。

太陽表面無止境的變化深深吸引蒙德，他見證的顯著變化看了永不生厭。他把這項工作想得很浪漫，就是留下太陽的肖像，而在格林威治磁性亭裡顫抖的磁鐵則錄下了太陽的簽名。

一年一年過去，蒙德的知識和自信心一起成長，他從艾瑞時代的沉默小夥子變成一位「態度溫和、語調輕柔」的男士，認識他的人覺得他完全「稱得上有慈善的心靈和可親的個性，比外在的表現更深刻」。他也更加博學多聞，開始撰寫著作，介紹天文學給更多人認識。他也常公開演說推廣天文學。

一八八二年十一月，在早晨的霧氣下，蒙德眼前的景象讓他重回少年時代。他從格林威治的辦公室往外看，霧氣後面的太陽閃耀著暗紅的色澤，巨大的黑子出現在表面上。他的眼神轉移到正穿越黑石南公園的士兵，他們要前往海德公園參加讚揚維多利亞女王的大遊行。在行軍時，有些士兵指著太陽黑子要其他人看。想起天文學家常提到的分光鏡閃焰，蒙德急忙跑到放了六公尺長分光鏡望遠鏡的大圓頂，通常他們晚上才會用到這支望遠鏡。蒙德抬起這支大傢伙，很費力地讓它就定位。有一次他在文章裡寫到，觀看太陽黑子的光譜就像看進它的靈魂，因為每個黑子都有其獨特性。當他把分光鏡直接對著太陽上的瘀傷時，果然看到隱藏的秘密。黑子附近噴出明亮的捲鬚狀氫氣，彷彿受到很大的壓力後被推擠出來；分光鏡閃焰在他眼前出現。那天晚上，冰冷的冬季夜空佈滿了明亮的極光，電報網路癱瘓了。第二天檢查磁力讀數時，蒙德發現格林威治的設備一整個晚上都沒有休息，有可能來自太陽黑子的神秘磁力擾亂了所有的設備。他開始思索要如何才能把這些巧合變成符合數學的事實。

回顧幾十年來留下的資料時，他看到普遍的趨勢非常明顯，但想要探索其中的細節時，卻找不到關聯。並非所有的太陽黑子都會帶來磁暴，有時候連中等的太陽黑子也會突然對磁力設備造成嚴重干擾。關鍵一定就是閃焰。只有當太陽黑子出現閃焰時，才會將磁力對著地球射過來，大型黑子比小型黑子更有可能出現閃焰。但閃焰出現一天後才發生磁暴的原因就是最大的謎團。難道太陽射出的磁力會在太空中稍作停留後才擊中地球？維多利亞時代的人覺得這種概念是科幻小說的題材，他們認為磁力一定圍繞在磁鐵四周，不可能不移動磁鐵，就把磁力「裝瓶」運送到其他地方。

克利斯帝讓大英帝國各處的氣象站也配備了太陽照相儀。他們的照片會用船運送回格林威治，確保太陽表面的連續紀錄可以保存下來。然而，如果不知道如何用數學方式分析這些觀測結果，蒙德似乎就只能當太陽的圖書館員，每天計算出現和消失的太陽黑子，但永遠無法真正了解他看到了什麼。薩比恩第一次宣布太陽黑子和磁暴有關聯已經是三十年前的事，雖然手邊有排山倒海般的資料，但太陽和地球之間的磁力關係仍是個未知數。毫無疑問地，蒙德缺乏

格林威治的皇家天文台。（圖片來源：英國皇家天文學會）

正式的數學教育讓他無法分析資料，但他在格林威治的工作量也是另一個阻礙。白天研究太陽外，還要在夜間記錄分光鏡的讀數。除了天文學研究，他的寫作技巧也讓他成為編輯格林威治天文學雜誌《天文台》的不二人選。

這份工作雖然一開始感覺很有前途，蒙德卻開始覺得被困住了。聽到業餘天文學家和歐洲的專業天文學家在天文物理學方面的進展，更加深他的挫折感。天文學家在恆星上找到跟太陽相似的夫朗和斐線，但有些恆星的夫朗和斐線卻又和太陽不同，於是他們開始藉此分類恆星。他們也證明了有些鬼魅般的星雲是稀薄的團狀氣體，有些星雲則有新星在裡面。這證實了老赫歐爾的星雲就是宇宙中孕育恆星之處的推論。太陽天文學也有進展，天文學家辨認出一個又一個化學元素，很多是地球上的金屬。這些金屬在太陽上呈現氣體狀，有些人認為太陽的大氣層跟地球的類似，但有很多氣體金屬。雲層下雨時，融化的金屬就從大火球的天空落下。

無止盡的職責佔去蒙德所有的時間，他無暇停下來思考他的研究方向，以及如何專心投入研究。他是英國第一位專業的天文物理學家，但天文台的要求卻讓他綁手綁腳。在讚嘆皇家天文學會成員的研究成果時，他卻和管理委員會彼此對立。自一八七五年受邀成為會員後，他就一直為女性爭取加入會員的權利。女性得到特別邀請後，可以參加學會的會議，但不公平的是她們無法成為真正的會員。雖然多次嘗試提出這個議題，但還是一點進展也沒有。

一八八八年，除了事業上的挫折，真正的悲劇也發生了，他的妻子艾迪絲死於肺結核，留下五名兒女給蒙德照顧。喪妻之慟讓他更加沮喪，不久他就覺得自己對科學沒有任何貢獻。其他人當然不同意，蒙德傳播天文學的能力令人稱羨，他們鼓勵他利用這種技能創立組織，推廣天文學給所有想要學習的人。這個想法和蒙德內心深處的平等感產生共鳴，友愛的兄長也提供很多協助，一八九〇年，他創立了英國天文協會（BAA）。所有人都可以加入，不論男女，也不論只是偶爾觀測天象的人，還是忠誠的擁護者。皇家天文學會會員從事的工作愈來愈傾向於科技和數學，也是蒙德的考量之一。他特別申明，英國天文協會主要迎合那些覺得皇家天文學會發表的論文「太高深」的人。

此時的蒙德名聲遠播，連美國人都知道他是一名優秀的觀測專家，便邀請他到加州一遊。

蒙德一定有美夢成真的感覺，但當他要請假時，克利斯帝卻不肯答應，因為沒有人能頂替他在天文台的工作。蒙德覺得很失望，他寫信給立克天文台的主任，婉拒他的邀請，也提到格林威治「遭逢厄運，我不是唯一有更好的外來機會可以提供更多科學貢獻卻無法達成的助理」。

公開心裡的想法或許也不錯，獨自在格林威治奮鬥了十五年，終於有人來幫蒙德進行數學計算了。克利斯帝想要模仿美國人非常成功的新制度：女性計算機，受過高等教育、精通數學的年輕女性在男性指導下進行計算。薪水很低，工作也沒什麼挑戰性，但這是皇家天文台第一次獲准雇用女性員工。安妮（Annie Scott Dill Russell）立刻掌握了這個契機。

安妮剛從劍橋格頓學院畢業，克利斯帝讓蒙德負責指導她。基於男女平等的信念，他立刻把安妮當成工作夥伴，而非作苦工的下屬，也花了很多時間教導她。安妮也沒有辜負蒙德的苦心，她對蒙德的太陽研究產生強烈的興趣，兩人成為共同體，結合蒙德十五年來的觀測和天文經驗以及安妮的數學技能。

一八九一年十一月十五日的太陽照片出現了很大的太陽黑子，黑子從太陽的東邊現身。接下來的幾天又出現了兩個太陽黑子。這三個太陽黑子滑過太陽的表面時，蒙德和安妮看著它們繁殖成群，就像在生物學家的顯微鏡下不斷分裂的活細胞。太陽表面一定出現了很強的力量，太陽黑子錯綜複雜的美態令他們嘖嘖稱奇，也令他們著迷，一直觀察直到它們從太陽的另一邊消失。

蒙德知道他應該還有機會看到這些奇特的太陽黑子。他的耐心等候在十二月十二日有了回報，太陽黑子群隨著太陽轉動回到地球這一面。在兩群太陽黑子中，有一群已經從黑色的斑點變成一團明亮的區塊，另一群則完全消失了。一天後，消失的太陽黑子群同時重新成形，蒙德一個月前計算出的位置跟它們分毫不差。太陽黑子成長速度極度快速，一下子變成兩群，然後又轉到太陽的另一面去。

一月時，在酷寒的冬日中，蒙德和安妮又看到一群太陽黑子第三次通過太陽表面，二月時它們再度出現了六天。兩人繼續觀察，這時太陽黑子更大了，變成一大塊凹陷，讓蒙德想起一八八二年的太陽黑子。他找出當時的紀錄，發現這群太陽黑子比以前的都大，是格林威治拍攝到最大的太陽黑子。

太陽黑子朝著太陽邊緣前進時，蒙德猜想有可能會帶來極光磁暴。他猜對了。在西洋情人節的前一天，太陽黑子射出磁力，天空充滿了紅色的脈動光芒。電報操作員的工作又停擺了一整天，才剛剛發明的電話線也無法運作，線路上充滿了刺耳的噪音。在美國紐澤西州的普林斯頓，鎮民和學生聚集在街上觀看極光，有些人認為大災難就要毀滅世界了。

一八九二年二月，除了蒙德外，還有其他的科學家也出神地盯著太陽黑子觀看。在美國，一名魯莽的年輕人為了追尋太陽的秘密，差點讓婚姻陷入危機。

第11章

新閃焰、新風暴、新領悟

【一八九二年～一九〇九年】

海爾（George Ellery Hale）從麻省理工學院畢業後過了兩天，就和青梅竹馬的女友伊芙琳娜結婚。他帶著新婚妻子到芝加哥的高級住宅區肯伍德和他的父母住在一起，一八七一年芝加哥大火造成嚴重損害，海爾家卻因販售電梯給建商而致富。

雖然才剛剛拿到畢業證書，但海爾已經是世界知名的天文學家。畢業前他已經徹底探索了本生和克希何夫的光譜分析技巧，並用他們的概念發明了太陽分光鏡。這個新儀器比寇烏的太陽照相儀更先進，能夠用單一的光線波長拍攝太陽的照片，大量減少刺眼的光線，顯示更多細節。他的聲名遠播，美國和歐洲各地的大學爭相要雇用他。他很謹慎，擔心這些學術單位只想利用他的知識，而不在乎他本人，便和父親討論這些工作機會，最後，他的父親決定為了保護兒子不受剝削，最好的做法就是購買必要的設備，在肯伍德家中的庭院裡建造天文台。

工人開始建造三層樓的圓頂建築，裡面也設了辦公室，一八九一年落成後，海爾家邀請了一百多位賓客來參加典禮，其中不乏知名的美國天文學家和學者。弟弟威廉和妹妹瑪莎也很喜歡天文工作，在他們的協助下，海爾開始令人精疲力竭的太陽研究計畫，導致伊芙琳娜覺得受到冷落。她跟婆婆的關係也劍拔弩張。海爾的母親為偏頭痛所苦，堅持家裡要保持黑暗寧靜，所以伊芙琳娜只能逃到天文台裡坐著看丈夫勤勉工作。

一八九二年二月的太陽黑子給了海爾很好的機會，讓他拍出太陽表面完美的單一波長照片。他每天固定會拍攝和沖洗五到十張照片，一直到了七月，又出現了一群複雜的太陽黑子。七月八日，某個特殊的太陽黑子出現在太陽東側邊緣，他開始拍照。過了幾天，太陽黑子一

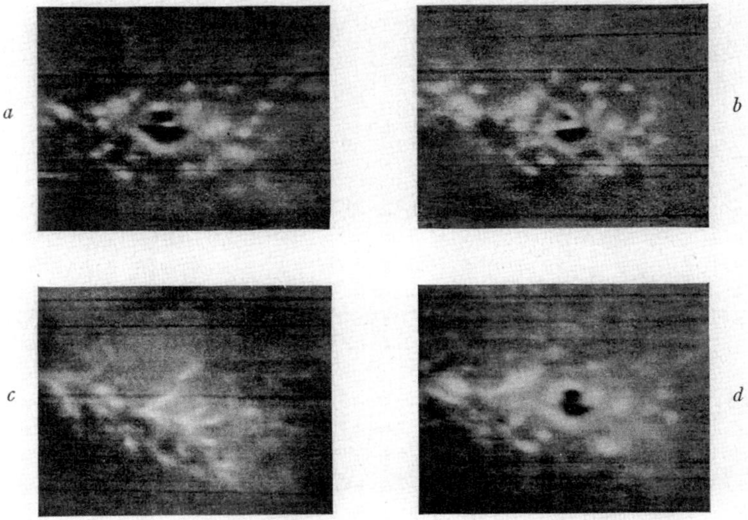

一八九二年七月出現的太陽閃焰，是海爾從肯伍德的私人天文台拍攝。這一系列的照片顯示太陽黑子群在閃焰出現前、期間及出現後的樣子。太陽黑子群是影像(a) 中間的一群黑色斑點，於下午四點五十八分拍攝。閃焰本身是影像(b)中越過暗色太陽黑子的明亮光芒，於下午五點十分拍攝。閃焰的餘光讓太陽黑子上方的區域變明亮，正如影像(c)所示，於下午五點三十七分拍攝。晚上七點五十分時，這個區域如影像(d)已經恢復正常。（圖片來源：海爾，一九三一年在《天文物理學期刊》（Astrophysical Journal）第七十三期第二三九頁刊出的〈太陽分光鏡和拍攝成果〉，經美國天文學會授權重製）

分為二，然後在七月十五日移到太陽中間的子午線附近，兩個明顯區隔的太陽黑子中間出現了一道明亮的發光氣體。當天下午海爾拍了第一張照片，十二分鐘之後又拍了第二張。他調整了一下望遠鏡，二十七分鐘後讓第三張底片曝光。在沖洗照片時，他看到第一張的太陽黑子跟他期望的差不多，但第二張就完全不一樣了。那對太陽黑子上方有一條明亮的光帶，向外延展到太空中，終止於一個火熱的白色球體。海爾大吃一驚，又洗了第三張照片。明亮的光帶消失了，但太陽黑子完全完全被發亮的霧氣吞沒。

他急忙跑到望遠鏡前用眼睛觀看。雖然看得到太陽黑子周圍發亮的氫雲和緩地將殘餘的爆炸能量散發到太空中，就像即將熄滅的火焰，但基本上看起來已經恢復正常。幾乎就跟改變卡林頓命運的閃焰一樣，海爾目擊了太陽黑子群上方出現了爆發到太空中的強烈太陽閃焰。他的設備更加靈敏，追蹤爆炸副作用的時間比卡林頓更久，但兩者的相似之處非常明顯。過了一天，通訊線路出現了嚴重的干擾，紐約和新澤西伊麗莎白鎮之間的線路累積了兩百一十瓦特的電流。

天時、地利加上人和，海爾成功地用太陽分光鏡拍下了閃焰，奠定他在天文學界的地位，一生都要研究太陽。不久之後，剛成立的芝加哥大學送上聘書。海爾的父親擔任他的經紀人，協商出優厚的條件。海爾即將受聘成為天文物理學教授，這也是學術界第一次正式教授這項科目。他在肯伍德的天文台將在拆卸後送到大學校園裡重新組合，海爾記得他小時候常到校園裡採野生草莓。校方接下來會發給他至少二十五萬美元的資金做為搬遷的補償費，這樣海爾就能再建一座更好的天文台。

伊芙琳娜很高興能夠搬家，她終於可以脫離婆家令人窒息的約束，和大學裡其他學者的妻子建立社交生活。

接下來新的天文台要蓋在威斯康辛的威廉斯灣，聲名狼藉的銀行家耶基斯會提供資金，他因為貪瀆而入獄七個月，希望能靠著善行找回社會地位，所以天文台會用他的名字命名。海爾不久之後成立了美國天文學會和第一份專門出版新派天文學研究成果的期刊。命名很恰當，就叫做《天文物理學期刊》，至今仍繼續出刊。

海爾的閃焰相片也傳到英國的天文學家手中，比賽即將進入尾聲。新一代的天文學家忙著鑽研太陽和地球之間的磁力關聯，原來反對這派說法的人已經步上卡林頓和赫歇爾的後塵，準備入土為安了。

薩比恩將軍很不光彩地被攆出皇家學會後，完成了一系列的磁力目錄，他活到九十三歲，最後於一八八三年在倫敦東幸去世。寇烏天文台的前任主任斯悌瓦特在一八七〇年於一場火車意外中受了重傷，還好他復原了，到曼徹斯特大學擔任物理系的系主任，一直到一八八七年去世為止。卡林頓的閃焰令人聯想到磁力干擾，他的重大貢獻是拓展因此激發出來的想法，並推論出地球的大氣上層有一層充滿電力的氣體殼，也就是現代人知道的電離層。德拉魯把寇烏的太陽照相儀移交給格林威治後，再把其他的望遠鏡送給牛津的雷德克里夫天文台，從此過著平靜的退休生活，於一八八九年離世。

就連最不服輸的艾瑞也過世了。他一直沒有完成月球理論。他發現早期的分析出錯了，想到要重新計算所有的數字，也失去了繼續努力的意願。在退休之後寫的文章中，他都用複數人稱稱呼自己，對自己的科學貢獻做出公平的評斷。他寫道：「我們最主要的進展都在天文學的底層，從未為科學的上層做出貢獻。」他在一八九二年一月去世，過了六個月，海爾看到的閃焰又激起了大家的興趣，重新開始研究艾瑞一向不肯承認的關聯。

蒙德就是這股風潮的領袖。二月的太陽黑子通過太陽中間的子午線時，當然也引起了磁暴，蒙德決定要證實磁暴和大的太陽黑子之間的關聯。他的研究遲遲無法成功，結果讓握有權力的新敵人佔了便宜，這個人就是原名湯姆森（William Thomson）的凱爾文爵士。

凱爾文爵士是科學界的巨頭。身為第一名被拔擢為貴族的科學家，他曾到英國土木工程學會演講，在演講中提到：「當你口中描述的東西可以測量出來並用數字表示時，你就有點懂了。」這個信念在一八八六年當他用數學協助策劃鋪設橫跨大西洋的電報纜線時更表露無疑，就連艾瑞都覺得那是不可能的任務。

凱爾文可以把數學當作雙刃長劍來運用，直接切入問題的核心。科學家再度熱心鑽研太陽黑子造成磁暴的關聯時，凱爾文決定要徹底瓦解這種科學囈語。他選擇從最崇高的科學地位展開攻擊：皇家學會的會長致詞。

十九世紀是現代科學繁殖力最強的時期，新的科學組織如雨後春筍般冒出，但皇家學會仍保有一貫領先的地位，也是所有科學家最終夢想加入的組織。一八九〇年，凱爾文爵士當上會長，這時他六十六歲。一頭白髮的他髮線不斷後退，配上濃密的大鬍子，散發出長者的智慧，說話時也讓人相信他非常有自信。

一八九二年十一月三十日，他起身發表會長致詞。與會的會員和來賓凝神聆聽，他告訴大家，他希望能糾正五十年來尚未釐清的難題，也就是了解太陽表面和地球磁暴之間可能存在的關聯。他把錯誤的想法歸咎於「前任會長」薩比恩，也暗示科學界的大老誤導了所有人。一八六三年，成為對手BAAS會長的阿姆斯壯爵士也發表了演說，凱爾文爵士用他的話當作證據。節錄的字句提到卡林頓的閃焰引發的磁力暴增，以及後續磁暴的兇猛程度。閃焰應該就是巨大彗星碰撞太陽的結果，這次事件產生的能量穿越太空，引發地球上的磁暴。

這種模糊的論證正為凱爾文所憎惡，他詳細地向聽眾解釋嚴密的數學分析。根據他的說法，自從卡林頓看到閃焰，第一次有人討論和磁暴的關聯時，蘇格蘭的理論家馬克斯威爾（James Clerk Maxwell）發展出簡潔的四重數學定律，描述電力和磁力之間糾纏不清的關聯。凱爾文爵士提出來自各家天文台的磁性資料，指出磁暴的力量通常是地球天然磁力的好幾倍。然後他開始計算太陽需要耗費多少能量才能把這股影響力推到一億五千萬公里之外。根據馬克斯威爾的定律，如果太陽的磁北極突然變成磁南極，倒轉磁場後，就有可能發生規模最大的磁力災難。產生的磁力震盪波會以光速朝著四面八方噴向太空。所以磁暴發生時記錄到的能量和釋放到宇宙中的能量相比可說是微不足道。

凱爾文算出來，就算要把中型的磁暴送到地球上，太陽在幾個小時內要釋放的能量就跟連續四個月的照射量一樣。如果太陽真的釋放出這麼大的能量，但除了偶爾出現太陽黑子外，外表看起來一點變化也沒有，他覺得這很荒謬。

他說卡林頓的閃焰一點都不特別，只是滾燙的太陽物質往上噴發出來，然後再落回太陽表面。但凱爾文的評論一出，立刻透露出他並沒有讀過卡林頓的精密敘述，只聽過BAAS前任會長的簡短評論。在卡林頓的報告中，閃焰跟太陽表面無關，就算閃焰在五分鐘內一下子橫越了五萬六千公里的距離（大約為地球直徑的四倍半），太陽表面仍未出現變化。這個簡單的觀察就證明了閃焰出現在太陽的大氣層中。

凱爾文渾然不覺自己的錯誤，力勸聽眾不要再管太陽黑子，付出更多的努力，找出極光、磁暴和同時流過電報線路的地面電流之間的真正關係。他的評論一字不漏地發表在讀者眾多的《自然》期刊上。

雖然凱爾文的數學理論很難駁倒，蒙德和其他人也知道一般太陽黑子活動和磁暴頻率之間關聯的統計數字一樣無法反駁。只有在比較每天的數據時，才看不出統計上的關聯。拼圖一定還少了一塊。為了安撫凱爾文這位偉大的物理學家，有些天文學家提出了另一種看法，未知的「第三者」天文現象影響了太陽和地球，有時候同時發生、有時候獨立出現。這種現象在地球上會帶來極光、磁暴和地面電流；在太陽上則會導致太陽黑子出現。蒙德覺得這種太複雜的說法根本沒有必要，他仍然相信根本原因來自太陽。很可惜他和安妮（具有數學天份的女性計算機）都找不到方法，用凱爾文能夠了解的數學語言來證實他們的信念。蒙德保持沉默，但仍每天記錄太陽黑子和它們的特徵。

每天和安妮同進同出，蒙德被困在格林威治的焦慮感逐漸消失，也感受到明顯的慰藉。安妮孜孜不倦地支持蒙德的工作，她自己也成為成功的天文學家。除了研究太陽外，她用光學的數學定律設計出微型廣角相機。雖然鏡頭直徑只有四公分，但計算結果卻顯示這台相機可以拍下構成銀河的模糊星帶。安妮之前在劍橋的同事慷慨提供製造相機所需的資金。

蒙德看到安妮有成就，如同自己成功一樣開心。雖然安妮是女性，又比自己小了十幾歲，從小在衛理公會長大的蒙德把她當成跟自己地位相同的人，也很讚賞她的聰明才智。兩人常一起討論共同的基督教信仰和兩性平等的問題。一八九五年十二月二十八日，安妮成為蒙德夫人，搬到位於格林威治的蒙德家。蒙德的兒女接受她當他們的繼母，蒙德甚至稱呼她「孩子的母親」。安妮在信中提到孩子時也充滿了母愛，但她自己卻沒有生育。

結為夫妻後，他們的工作關係更加緊密，準備太陽黑子目錄的例行工作也成為共同的要務。對安妮來說，蒙德帶她進入了大多數仍不接納女性的倫敦科學社團。對蒙德來說，安妮帶給他靈感，也幫他做了很多數學計算。

一八九八年前夕，蒙德的英國天文學會發起到印度看日全食的旅行團，一八九八年一月二十二日就可以看到日全食。和艾瑞一八六〇年的考察團不一樣，成員並不需要證明自己的科學目的，只要自行負擔費用就可以參加。一八九六年，英國天文學會曾辦了到挪威觀賞日食的類似考察活動。雖然當時天候不佳，卻展現出英國天文學會的價值，也提升了學會在大眾心目中的形象。這一次，蒙德想到安妮的照相機就是拍攝太陽外層大氣模糊細節的理想設備。於是他們把拍攝太陽的照片設為觀看日食的首要目標。

可以看到日全食的地方都不是位於很方便的大城市，蒙德決定前往可搭乘火車到達的馬舒村（Masur）。在出發前不久，聽說當地爆發了致命的瘟疫，計畫差點因此胎死腹中。蒙德和妻子以及另外三位喜愛觀測日食的夥伴決心一定要到印度去，一八九七年十二月八日，他們在提爾伯里港登上了巴拉瑞特號蒸氣郵輪，不知道在印度等著他們的會是什麼。

在搭船的途中，為了打發時間，天文學家每天計算所在的經度和細細觀測通過太陽表面的黑子群。在計算經度時，他們會站在甲板上，利用船隻煙囪噴出的煙霧減少太陽刺眼的光芒。晚上太陽下山後，他們就開始比賽，看誰能先在暮光中看到水星如針尖大小的光亮。然後看到地球附近的雲霧反射陽光後，黃道帶的光芒四散，還有銀河上遙遠的恆星會合在一起的光亮。夜復一夜他們在甲板上散步，注意到北極星終於落到背後，不熟悉的南半球星宿在眼前出現。一名成員用分光鏡對準同船艙旅客舖位的下方，利用湧入舷窗的陽光測試設備。

一八九八年一月三日星期一早上，他們抵達印度，聽說將要搭火車去塔尼村（Talni）紮營。他們半夜才出發好避開酷熱，十八個小時後抵達印度中部灰濛濛的平原。到了營地後，天文學家就開始準備，同時留意是否有野生動物靠近。雖然聽說可能會出現老虎、豹和眼鏡蛇，但實際上除了一條小蛇外，他們什麼都沒看到。晚上聽見的叫聲也只是來自不怎麼稀奇的胡狼。蒙德有點失望，他本來期待能看到更多動物。

到了晚上，安妮設定好廣角照相機，拍了銀河的照片。考察隊的暗房設在用樹枝和泥巴建造的小屋裡，牆壁「彎曲如弓，用各種迷人的曲線彎進來」。到了日全食那一天，安妮站在照相機前就定位，其他的男士則撥弄自己的相機和儀器。溫度下降，四周的顏色褪去，變成一片黑暗。他們只有兩分鐘的時間。蒙德聽到聚集在村子裡的民眾發出微弱的哀號。負責計時的人

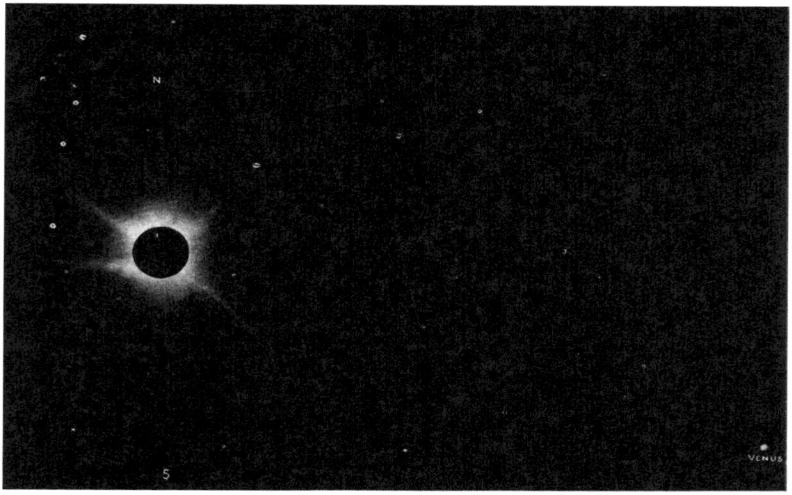

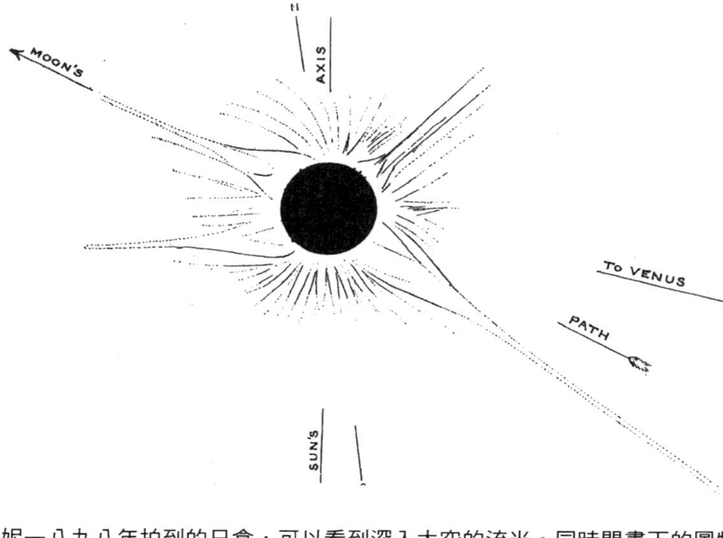

安妮一八九八年拍到的日食，可以看到深入太空的流光。同時間畫下的圖特別標明比較不清楚的地方。（圖片來源：本書作者克拉克，私人收藏）

每隔十秒就通知大家日全食還剩下幾秒。蒙德和安妮急忙採取行動，他們看到日冕非常明亮，比滿月更亮。它也非常活躍，光芒伸出到太空中。安妮拍了一張照片。光線重新出現後，村民發出感恩的喊叫聲。到訪的天文學家都覺得鬆了一口氣，因為他們的實驗結果看來很令人滿意。

那天傍晚，塔尼村舉辦了慶祝活動，根據蒙德的說法，村民脫開束縛，享受「無拘束的慶祝活動」。來觀測日全食的小隊也加入慶祝活動，頭上戴了花冠，並用檳榔和香膏塗抹額頭，但蒙德覺得當地的音樂有些喧鬧。

安妮把照片沖洗出來後，這對夫妻知道長途跋涉的心血沒有白費。她拍到了難得一見的日冕，射入太空的乳白色筆直光線長度是太陽直徑的好幾倍。安妮用紙筆計算出散發到太空中最長的流光超過九百六十萬公里。這個數字激發了蒙德的想像力。

他很好奇光束是否來自太陽黑子。或許安妮拍到的太陽光線就是磁暴的起因。他想像太陽轉動時，就如同巨大的空中燈塔，把光束投射到太空中。某束光線正好對著地球時，不論含有什麼奇怪的放射物，都會打到地球上，導致磁暴產生。如果他的推測無誤，就駁倒了凱爾文的假設，凱爾文認為太陽的磁能量會均勻地散發到太空中。如果能把電磁能量集中成束，完全不會浪費能量，凱爾文認為太陽無法發出巨大能量的看法就無法成立；光束有可能射到地球造成震動，或者不會打中地球。但蒙德不知道要用什麼數學理論來證明這種磁力現象。沒有理論，他對照片的解讀純屬推測。

但蒙德卻不知道，在劍橋大學實驗室裡發亮的真空管和嗡嗡作響的發電機之中，物理學家已經有了重大的突破，終能幫他解開謎題。

物理學家正在研究陰極射線。這種神秘的射線帶有電荷，穿過真空玻璃管時完全不會扭曲。經過一系列的實驗後，劍橋大學的物理學家湯木生（Joseph John Thomson）發現磁力或電力會改變陰極射線的方向，他猜測這種神秘的能量射線由許多帶負電的粒子組成。他把這些粒子叫做電子。他測量了電子的速度，發現它們行進的速度比光線慢很多。至於電子的本質為何，湯木生也不明白：「這些粒子是什麼？是原子或分子？還是更微小的物質？」

愛爾蘭數學家拉莫爾（Joseph Larmor）同時間也在劍橋大學工作。他掀起了一場科學政變，動力就來自陰極射線管。拉莫爾想徹底改變對電力的看法。馬克斯威爾認為物理場射出的電力就像池塘裡的漣漪，但拉莫爾卻假設帶電粒子傳播電力的方法就像河裡的水流。湯木生發現電子後，愈來愈多人接受拉莫爾的概念。雖然這項理論還需要繼續精進，想法改變後會帶來的蘊含也有待觀察，但物理學家已經開始對宇宙產生了全新的看法。

凱爾文爵士年紀愈來愈大，似乎沒發覺新的理論正在醞釀，在十九世紀與二十世紀之交時，他到BAAS演講。他沒想到預料之外的科學理論會證明太陽黑子就是磁暴的起源，又提出強烈的抨擊。他的主張聽起來很愚蠢：「物理學不可能再有新發現了。只有愈來愈精確的測量方法才能流傳下去。」

蒙德花了好幾年的時間才突然領悟，找到方法來對抗凱爾文牢不可破的偏見。一九〇三年十月，又是另一次太陽黑子周期到達高峰的時候。巨大的黑子橫過太陽表面，但通過中心時，只造成中等的磁暴。過了兩個星期，比較小的太陽黑子出現了，帶來的磁暴打破格林威治的紀錄，世界各地的電報員又斷線一整天，結果非常悲慘。

太陽黑子的大小和磁暴等級似乎不完全相符，蒙德覺得很奇怪，便開始翻查格林威治最強烈的磁力干擾紀錄。他找到在過去三十年間，發生了十九次強大的磁暴。然後他比對太陽黑子的紀錄，每次出現磁暴時，太陽靠近中心的同一個地方都有巨大的太陽黑子，或從大變小的太陽黑子。然後他逆向操作，從一八七三年開始，找出這三十年來最大的十九個太陽黑子，再對照磁暴的紀錄。這次他發現十九個最大的太陽黑子造成七次嚴重的磁暴、七次相當大的磁暴、兩次還算溫和、兩次甚至更小，還有一次完全未造成干擾。

如此一來他就知道，磁暴需要太陽黑子，但所導致的磁暴強度卻無法用太陽黑子的大小來預測。這也有道理，因為磁力干擾從太陽黑子上隨意爆發，但並非均勻四散，而會集中在明確的方向上。如果太陽黑子只沿著特定的路徑將磁力射到太空中，那磁暴強度就會受到其他因素影響。比方說，或許路徑並非正對著地球。在這種情況下，就算巨大太陽黑子上出現了規模驚人的爆發，也有可能打不中地球，或只從旁邊掃過去，地球不會受到影響，只有羅盤上出現小規模的干擾。

為了鞏固他們的結論，蒙德和安妮不論磁暴的大小，詳盡調查了所有的紀錄。還好格林威治磁力和氣象部門的主管艾里斯（William Ellis）幫了個大忙，他已經把所有的磁暴都分成

「極大」、「活躍」、「中等」和「微弱」四類。在一八四八年到一八八一年間，格林威治的磁石記錄了兩百七十六次磁暴。

蒙德和安妮花了八個月的時間辛勤地翻閱太陽黑子的資料，只要有發生磁暴的日子就不放過。雖然大型磁暴的結果讓人感覺大有可為，但小型磁暴卻未出現類似的關聯。有時候根本看不到太陽黑子，卻出現磁暴，有時候一天出現了好幾個太陽黑子，很難判斷到底是哪一個引起磁暴。因此，大型太陽黑子顯然跟磁暴有關係，但他們卻不知道比較小的太陽黑子跟磁暴有什麼關係，蒙德似乎無法證明所有的磁暴都來自太陽。

然後他找到證據了。

一八八六年年底，地球上連續出現四次磁暴，每次都相隔二十七天。詳細審視目錄後，他發現一八八七年也有同樣四次連續磁暴，每次也都相隔二十七天。這個數字感覺非常熟悉，因為從地球上看太陽自轉一次的平均周期就是二十七天。換句話說，每隔二十七天，同一塊太陽表面就會對著地球。這就是蒙德找了很久的突破性進展。他立刻明白，不需要太陽黑子的資料來證明磁暴與太陽的關聯，只需要看磁暴的資料就夠了。如果他發現磁暴通常每隔二十七天就會出現一次，就足以證明太陽是磁暴的根源。在這段時間內，宇宙間沒有其他物體跟地球同步前進。

二十七天的周期也證明太陽表面並非到處都會散發出磁力，要果真如此，磁暴就不會遵循太陽的自轉周期。二十七天的周期明確指出磁力從太陽表面上的特定區域成束射出。

再回到一八五〇年代，卡林頓研究出一個等式可以算出太陽的經度。蒙德找到了公式，他和安妮根據格林威治的磁暴紀錄，算出磁暴開始時太陽正對地球的經度。他們發現一旦磁暴從特定的太陽經度爆發出來，就很可能在二十七天後重現。在他們分析的兩百七十九場磁暴中，有三分之一會這樣成對出現。在八分之一的成對案例中，下一次太陽自轉到這個經度時，會出現第三次磁暴，其中有四次出現了第四次磁暴。在一個特殊的案例中，連續出現了六次磁暴，每次都間隔二十七天。當同樣的經度又面對地球時，同樣的型態重複，但不會在下一個自轉周期出現，而要等到下下一個，也就是相隔五十四天。

這正是蒙德駁倒凱爾文爵士所需的數學證據，他開始計算結果，準備要到皇家天文學會和英國天文協會發表。聽說他的突破性進展後，很多人都很好奇他將如何直接挑戰凱爾文爵士。一九〇四年十一月十一日星期五下午，他們終於等到了。皇家天文學會會員湧入倫敦皮卡迪利大道上的柏林頓之家，聆聽蒙德發表演說。

在演講廳內，蒙德對會員詳細解釋他的推論，清楚指出在二十七天的周期中，太陽風暴和太陽表面的特定區域密不可分。然後他放映妻子安妮拍攝的日食照片，讓聽眾看到日冕的光線延伸到太空中，也提到瑞典諾貝爾獎得主阿瑞尼士（Svante August Arrhenius）的研究結果，阿瑞尼士最近才提出帶電荷的粒子在某些情況下可能會從太陽吹過來，就像彗星的尾巴。蒙德不確定這是否就是安妮一八九八年拍到的情景。然後他又拿出另一張安妮一九〇一年五月十八日在模里西斯拍的日全食照片。這張照片特別放大太陽的西南象限，日冕氣體紛紛從太陽表面噴到太空中。

在投影螢幕反射出來的光線中，蒙德在報告結尾提出大膽的主張：「從我提出的結果看來，我認為我們應該可以解決十二年前凱爾文爵士口中『五十年來尚未釐清的難題』。」

皇家天文學會的會長透納（H. H. Turner）教授感謝蒙德發表這麼重要的研究結果，雖然快沒時間了，他仍允許與會者盡情討論。第一個表示懷疑的人是柯堤（Aloysius Laurence Cortie）神父，他來自蘭開夏石林鎮的天主教學院。聽到蒙德的主題後，當天下午他就趕到倫敦參加會議。柯堤神父先表示道歉，他對此項研究結果無法詳細評論，但他認為聽到的陳述無法讓他相信凱爾文爵士的反對意見有誤。其他人也紛紛表示懷疑，不明白整個過程的道理。舉例來說，這些光線會受到地球的重力吸引嗎？太空中的日冕光線有多長？地球從這些光線接收到電力後，如何釋放出來？如果沒有解答，他們很難相信蒙德的研究成果。

還有其他人出來捍衛蒙德。伯爾爵士（Robert Ball）告訴聽眾，應該深深感謝蒙德提出地球和太陽之間磁性關聯的決定性證據，在場的人應該永遠記住他發表的內容。劍橋大學的天文學家紐沃爾（Hugh Frank Newall）察覺到會員的困惑，提議之後像這麼重要的報告應該要先傳閱，然後再到皇家天文學會發表，會員可以先研究比較有爭議性的想法，再來參加會議。

蒙德最後發表了一段謙恭的演說作結。他告訴會員，分析完整與否是這篇報告成敗的關鍵，他也知道無法期望會眾相信他的說法。所以他希望當他們有機會看到出版的論文時，也會同意他的解讀。結果還算樂觀。

一九〇五年一月，蒙德在皇家天文學會的月會上聽取他人的批評。反對意見此起彼落，根本沒時間進行其他的議程。蒙德會前已經跟會長聊過，他開玩笑說他早就希望論文會受到「嚴厲詰問」。表面上雖然嘻笑，但蒙德必定知道這場會議有多重要。他就像要接受審判的科學異教徒。跟隨凱爾文的人將猛烈攻擊他和他的想法。如果他對自己的成果沒有絕對的自信，一定會讓人懷疑它的正確性。為了幫助蒙德準備，會長允許他在開會的前一天晚上研讀主要對手的文章。第二天，蒙德準備要答辯曼徹斯特維多利亞大學的舒斯特（Arthur Schuster）教授。舒斯特並未親自與會，他把論文送到倫敦，交由會長朗讀。

舒斯特是最早提出周期圖分析的專家，他用這種方法在一長串的資料中尋找重複的型態。如果要大家接受蒙德的分析，那舒斯特一定要先贊同他們的方法論，因為簡單的周期圖分析就是他們用來得到結論的方法。[1]

在柏林頓之家，柯提神父提出如他之前所言的批評，但刪改部分細節，希望用微弱的攻擊就能推翻蒙德的理論。接下來會長起身唸出舒斯特的論文。冗長討論周期圖分析的技巧和提出類比後，舒斯特最重要的結論是：蒙德可能是對的。他很不情願地同意，一連串二十七天的周期確實是一種解讀資料的方法。然而，他還是不相信磁暴源自太陽。凱爾文爵士的反對意見在他腦海中根深蒂固，所以他無法接受蒙德的想法，也譴責蒙德的「有些自誇的主張」，竟然認為自己解答了凱爾文的問題。

劍橋大學的紐沃爾博士接著坦承，他覺得周期圖分析太難了無法理解，因此他花了一整天的時間排列辦公室裡的書本，希望能了解蒙德的研究成果是否有道理。紅色書脊的書本代表發生磁暴的日子，其他則代表沒有磁暴。他把書本隨意放在書架上，思索是否能在無意之間複製出蒙德從磁暴中看出的序列。如果可以，就能證明蒙德的主張無效。不用說，紐沃爾書本用完了，書架也擺滿了，他只得用想像力完成實驗。他想證明他認為蒙德所選擇的太陽旋轉周期太隨心所欲，他希望蒙德也能分析其他周期。

反對派最後起了內鬨，柯堤神父覺得遭到誤解，其他人則爭辯舒斯特的周期圖分析是否有效。在一片混亂中，一位名人訪客起身發言。他就是最近獲頒劍橋大學盧卡斯教授席位的拉莫爾教授，由格林威治的天文學家戴森（Frank Dyson）邀請前來。拉莫爾仍在研擬他的電力理論，他擁護電子的流動理論，不認為電磁能量就像漣漪一樣。

他向大家解釋，他原本只想旁聽，但聽到討論的內容，他覺得應該要幫蒙德辯護。拉莫爾看過蒙德十一月發表的論文，他花了一整個星期的時間研究當中的邏輯。他很熟悉周期圖分析，告訴會眾蒙德的統計資料很有力也非常有可信度。一言以蔽之，拉莫爾認為太陽和磁暴一定有關聯，唯一的問題在於關聯的本質。他用發展迅速的電子新理論解釋，告訴大家流動的電

---

❶ 舒斯特前一陣子才向皇家學會提出幾份高度理論性的周期圖分析論文。還在唸大學的時候，他就展開科學生涯，方法顯然更具實驗性。一八七〇年代末期，科學家正沸沸揚揚地討論太陽黑子和氣候之間的關聯，舒斯特就發表報告，大約每隔十一年，西歐就會出產不錯的葡萄酒。真有關聯抑或大學生的惡作劇，我們不得而知。

子會平均地帶著電磁，朝著同一個方向流動。蒙德的分析中可以清楚地看到這種流動，而安妮的照片看起來也拍到了電子流。

蒙德擁護阿瑞尼士的粒子理論，拉莫爾也就此提出建議。十幾年前，在一八九二年，愛爾蘭物理學家菲次吉拉（George Francis FitzGerald）認為，太陽黑子可能是「彗星尾巴般放射物」的起源，一旦藉由太陽上方出現的爆炸條件射入太空中，放射物就會用一天左右的時間到達地球。菲次吉拉的確有先見之明，但凱爾文在同一個月大肆公開批評相關的理論，所以沒有什麼人注意到他的提議。還好有蒙德的分析和劍橋的實驗，拉莫爾相信是時候大家該重視這個理論了。他也相信人類所知最小的粒子就是太陽和地球之間互動的媒介，明白這一點後，充滿可能性的全新宇宙就在他們眼前開展。科學家必須調查豐富的粒子互動現象，十九世紀的人想不到二十世紀會有這樣的新發現。

凱爾文爵士在一八九二年發表的聲明激發了這場爭執，但他卻保持沉默。已是耄耋老人的他不肯向蒙德讓步，但也不反駁他。持反對意見的人又喧嚷了一年。柯堤神父的同事席瑞福斯（Sidgreaves）神父特別強調一八八九年末的兩個案例，當時太陽上沒有黑子，卻出現了兩次磁力干擾。蒙德的理論要如何解釋呢？他沒有被問倒，這兩次磁暴出現時，特定的太陽經度正好對著地球，而在之前的轉動周期內，一大群太陽黑子就出現在這個經度。當時連續發生了六次磁暴，席瑞福斯神父舉的兩個例子就是最後兩次。蒙德的結論是，當明顯的太陽黑子消失後，附近的區域仍有很強的磁力。他也找到其他「盲目」爆發前都會出現太陽黑子的例子，指出磁力活動正在醞釀，達到高峰時，太陽黑子就會爆開。

在美國，海爾聽到了蒙德的研究結果，覺得自己落後很多。他拍到一八九二年的閃焰，天文學家因此更熱衷研究太陽。但接下來的十年，管理耶基斯天文台的工作讓他抽不了身，他覺得自己的太陽研究什麼成果都沒有。在寫給同事的信中，他說：「我很慢才會想到新的概念，只有在工作和閒暇時連續思考好幾個小時，才有新的想法。」日復一日經營耶基斯天文台，讓他沒有思考的餘裕。為了安撫心中的挫折感，海爾到加州一遊，在威爾森山找到設立天文台的理想地點。

一九〇五年，他決定脫離耶基斯天文台，到加州設立一座專門進行太陽研究的天文台，好彌補失去的時光。他決定搬家另有私人理由。海爾八歲大的女兒瑪格麗特身體不好。他已經把瑪格麗特和妻子伊芙琳娜留在加州，希望溫暖的空氣對女兒的病體有幫助。芝加哥大學的校長哈珀（William Rainy Harper）拒絕接受他的辭職，粉碎他與妻女團聚的希望。

哈珀認為耶基斯天文台正是最需要海爾的時候，他不能棄之不顧。耶基斯撤銷了天文台的財務補助，準備遷居倫敦，投資興建中的地下鐵路。哈珀最生氣的是海爾已經從卡內基學院拿到了在威爾森山建立太陽天文台的三十萬美元。耶基斯天文台正需要這筆資金。整件事變得很難堪，也拖了好幾個月的時間處理。最後大學董事會介入，同意讓海爾拿走資金並離開。

海爾一到加州，威爾森山天文台很快就成型了，他也開始重建自己的名聲，再度躋身世界一流太陽觀測專家之列。三年後，他的努力有了報酬，他第一次偵測到太陽黑子內有強大的磁場。一九〇八年九月十日，他看到太陽黑子上出現活動。想起一八九二年類似的閃焰，他仔細觀察並拍攝隨之而來的太陽閃焰。海爾公開觀看時的識別跡象，特別複雜的太陽黑子周圍的雲層會愈來愈亮，其他研究者開始認可這是即將發生閃焰的跡象。一九〇九年五月十二日，海爾在威爾森山天文台的同事拍到剛噴發出來的閃焰，之後倫敦也有人看到另一次閃燄。這兩次爆發的隔天都出現了強烈的磁暴。閃燄跟磁暴的關聯昭然若揭。

一八五九年九月一日早上，卡林頓看到前所未有的光芒橫過巨大的太陽黑子。長久以來為了探索真相而付出的努力終於可以告一段落了。地球並非宇宙中的孤獨行星，它容易受到太陽的突發狀況影響而導致怪異的天氣，飛過宇宙的帶電粒子團引發了磁暴和極光。現在科學家可以全心研究這種奇特到了極點的現象，繼續開拓新的科學領域。

第12章

伺機而動

一八五二年，艾里斯接手卡林頓在杜倫天文台的工作，成為專業科學家。後來他獲聘到格林威治工作，變成蒙德的同事，掌管磁力和氣象部門。因此他要負責記錄每天的磁力資料。他只有一次失誤，某天他去參觀附近的發電廠，不知不覺中他的雨傘被磁化了。接下來的一整個星期，每天早上九點到下午三點，磁針都會出現奇怪的偏斜，部門同仁都猜不透原因。有人警覺度比較高，發現出現干擾的時間正好就是艾里斯在辦公室的時候，才找出真相。

蒙德這時正在準備證據來證明特定的太陽黑子會噴出沒有規則方向的磁暴，艾里斯領悟了一個想法。地球表面看起來雖大，但在宇宙中還是一個很小的目標。大部分來自太陽的磁力轟炸一定沒擊中地球，因此人類看不到。在地球上的觀測人員基本上還在透過鑰匙孔窺看，想辦法描述另一邊的房間。一九〇四年，在退休前夕，艾里斯站在皇家天文學會的會眾前，大聲說出自己的期望：「如果我們能在太陽系的其他行星上建立觀測站收集資訊，就能更了解周圍出現的力量和這些力量造成的影響。」

過了快一個世紀後，二〇〇三年萬聖節閃焰出現時，科學家就實現了艾里斯的夢想。事實上，磁力設備不在行星表面上，而是搭載自動探測器在太空中航行。當太陽的熱力向四面八方噴出時，太空船就會記錄能蒐集到的資料。

二〇〇三年十月二十九日，體積龐大的沸騰氣體掃過地球後又繼續前進。當這團氣體碰到火星時，狂暴的程度實際上並未衰減。NASA的奧德賽號太空船正在這紅色行星的軌道上行進。除了繪製地圖外，太空船也測量太空人登陸火星時必須承受的輻射量。充滿電力的雲氣籠罩火星和軌道上的太空船時，用來測量輻射現象的輻射監測器因此超載燒壞了。奧德賽號上其他的設備拍攝到氣浪造成火星稀薄的大氣層發生扭曲，被撕下的大塊火星大氣層跟著電雲飛入荒渺未知的宇宙。科學家看得目瞪口呆，他們知道如果地球變成攻擊的目標，地球原有的磁力外衣就是保護大氣層的唯一方法。

兩個星期之後的太陽爆發擊中了龐大的木星。木星與太陽的距離是地球與太陽距離的五倍，而且跟地球並不在同個方向。木星上因此出現了極光和強大的磁暴，將暴烈的無線電波噴發到太空中，過了一個星期才停歇。歐美合作的尤利西斯號太空船利用木星的重力場環繞太陽進行觀測，遭到這些無線電波全力攻擊。帶有美麗光環的土星與太陽的距離是地球的十倍，也跟地球的方向不一樣，而麵包車大小的卡西尼號太空船靠近土星時，卻也記錄到類似的磁暴活動。

噴出的氣體一下子就把行星拋得老遠，朝著太陽系的深處前進。氣體慢慢散發開來，力道也逐漸減弱。然而，如果科學家覺得磁暴就此消失，那麼他們就估計錯誤了。二〇〇四年四月，曾是太陽一部分的雲霧追上了服役多年的航海家二號太空船。在一九八〇年代，航海家二號首次拍下木星、土星、天王星和海王星的特寫。航海家二號靠近這些行星後就會加速，現在已經離地球一百一十三億公里遠，沒有機會返鄉。震波洶湧越過航海家二號，雖然強度已經減弱，但仍算強勁，天文學家也發現當震波到達太陽系邊緣時，影響依然很大。

太陽跟地球一樣包覆著磁力外衣。太陽的磁場範圍約一百九十三億公里。萬聖節的磁暴能量擴大了太陽的磁泡，磁場範圍又增加了六億四千萬公里。

這讓我們對銀河系有了全新的想法。除了太陽的磁場外，還有其他星體的磁力影響。以前我們都認為外太空的廣大空間散落了很多獨立的星體，就像島嶼林立的黑色海洋，現在我們則把外太空看成集合了許多廣闊磁力範圍的地方，每一個範圍內都有一顆星按著星體磁核的節奏脈動。

還有另一項驚人的事實，揭開銀河系新風貌的太空船所仰賴的科技也來自同一場探索磁暴的革命。發起人就是數學家拉莫爾和其他在劍橋實驗粒子理論的科學家。他們探索極小的物體，發現很多粒子聚集在一起組成原子。原子中心則有一組很重的粒子，也就是所謂的質子和中子。質子帶有正電，中子沒有電荷。湯木生發現的電子帶有負電，也是原子中最輕的組成要素，繞著核子轉動。

一九二〇年代，在一組歐洲物理學家合力研究下，終於發展出一套描述超顯微世界的數學方程式，叫做量子論。量子論呈現出截然不同的物理新觀。科學家原本把力想像成大規模的三維體積，也就是物理場，可以讓漂移的物體移動，量子論則認為力是靠粒子一點一點地傳播。這些粒子碰撞時，就會讓力在物體之間傳遞。

接受量子論後，就能了解蒙德和同時代的人想像出來的磁力束。磁力束就是一大群破碎的原子，每個構成的粒子都帶有微弱的電荷，會擊中地球的磁場並造成干擾。每次太陽上出現閃焰，就會釋放出無數的粒子，相當於數百億噸的物質。

使用量子論當作指引方針，科學家愈來愈熟悉操作電子的方法，微電子技術就此誕生。接下來引發了電腦革命，現在所有的科學研究都不能沒有電腦，尤其是利用自動探測器探索太空的技術。

有了太空探測的技術後，科學家就能看到太陽和其他行星之間形形色色的互動，也更了解所謂太空天氣的古怪程序。目前他們知道太陽在日全食時顯露的蒼白外層大氣由攝氏數百萬度的氣體組成。在高溫下，電子會脫離原子，留下電荷不一致的滾燙質量，和持續朝著四面八方噴發到太空中的磁力。向外流動的日冕物質稱為太陽風，所攜帶的能量會產生太陽系周圍的磁泡。

在太陽黑子數量最少的時候，太陽以穩定的速度將太陽風朝著所有的方向送到太空中。太陽黑子最大期來臨時，太陽風就變得更猛烈，一束束的粒子高速飛向太空。一八九八年到印度觀測日食時，安妮拍下的就是這些粒子。太陽風的力道造成羅盤指針每天跟著太陽黑子起起落落。在太陽黑子數目最多的時候，從太陽上吹出的太陽風毫無規律，進一步擾亂了地球上的磁力讀數。在太陽黑子變少時，太陽風十分均勻，每天的磁針變化也變少了。

除了持續的太陽風外，太陽閃焰也會導致日冕粒子強烈爆發。這個現象稱為日冕物質噴發（CME），看到一八六〇年日食的人應該也看到這種現象。然而，他們不知道「正常」的日冕是什麼樣子，就不明白這種現象有多重要。在德拉魯成功拍到日食的照片後，才留下可靠的紀錄當做比較的基準。最後天文學家注意到接近太陽黑子最大期時，日冕也會出現更多干擾。

太陽閃焰及其相關的日冕物質噴發就是地球發生磁暴的原因。

還好有SOHO和其他太空船上的精密儀器，科學家終於能重現卡林頓看到閃焰時發生的重大活動。正如蒙德的推論和海爾的測量，在太陽上磁力活動旺盛的區域，唯一看得到的徵兆就是太陽黑子。太陽上的帶電氣體移動，造成一圈緊緊擠在一起的磁力，從太陽表面爆開時，就像毛線衣上脫開的線頭，太陽黑子就形成了。在磁圈的底部，磁力會讓氣體冷卻，看起來就比周圍的氣體顏色更深。磁圈愈強，黑子就愈大，顏色也愈深。卡林頓和蒙德都看到複雜的太陽黑子群成形，事實上他們見證了磁圈的會合。從太陽表面爆發的磁圈愈多，太陽黑子群的形狀就愈不規則。受到旁邊太陽氣體移動的衝擊，磁圈搖搖晃晃地升高到離熾熱表面數千公里上方，扭轉在一起，然後崩解成比較小、比較穩定的結構。此時，磁圈放出的能量相當於上百萬個原子彈，並以太陽閃焰的模式爆發到太空中。

太陽閃焰的輻射只要八分鐘就能穿越一億五千萬公里，從太陽到達地球。大部分的能量匯集在X射線的洪流中，但發生巨大閃焰時，小部分的能量則以可見光的形式散發出來。這就是一八五九年九月一日發生的情景，太陽黑子上方出現了明亮的光芒，令卡林頓大吃一驚。閃焰主要的動力都由X射線傳遞到地球上，但卡林頓無法看到。X射線造成大氣層中的粒子帶電，改變最上方大氣層的電性和磁性特性，寇烏的磁針記錄到了這些變化。X射線和白光在同一時間到達地球，所以卡林頓觀測的時間才會吻合寇烏的讀數紀錄。

第一次衝擊幾分鐘就過去了，寇烏的儀器也安靜下來。這是暴風雨前的寧靜。太陽閃焰劃過太陽的大氣外層時，導致一大群帶電粒子聚集在一起，引發日冕物質噴發。在接下來的幾個小時內，上百億噸的電子和質子從太陽的大氣外層噴出，直接碰撞地球。粒子行進的速度比光線和X射線慢，但每秒鐘兩千四百多公里的速度仍令人吃驚，過了十七點五個小時，粒子雲才撞到地球。碰撞之後，就引起前所未見的極光、磁暴和電報系統上的電流暴增。又過了半天，粒子雲才飛離地球。

一九七〇年代，透過太空望遠鏡和衛星持續觀察太陽，才能確切定義日冕物質噴發。當太陽黑子最小期時，太陽上或許每個星期會出現一次日冕物質噴發。在太陽周期活動最密集時期，一天就會增加兩至三次。二〇〇三年萬聖節發生的磁暴證明，當太陽黑子群特別複雜時，閃焰和日冕物質噴發幾乎不會停息。

二十一世紀初，在NASA噴射推進實驗室工作的鶴谷（Bruce Tsurutani）博士非常好奇，想知道卡林頓看到的閃焰引起的磁暴到底有多強。在二十世紀末的幾十年間，衛星和其他太空天氣設備記錄了不少強度驚人的磁暴。但只有卡林頓事件引起了全球各地的極光。鶴谷想知道這是否代表一八五九年的磁暴創下了歷史紀錄。

所有的跡象都顯示這次磁暴強度可觀，史上第一次在熱帶緯度出現的極光就是最好的證明，但似乎找不到確切的證據來證明這次磁暴的強度。在尋找答案時，鶴谷找到另外十一次強力磁暴，但令人挫折的是，每當任何人提到卡林頓事件時，一定會引用寇烏的讀數，但那時由於儀器無法負荷，並沒有確切的數字。

用現代設備首次記錄下來的強力閃焰和磁暴出現在一九七二年八月，就在阿波羅號登陸月球後。這次計畫的倒數第二次任務是要在四月二十七日返回地球，準備發射阿波羅十七號。太陽黑子最大期已經過去，正在逐漸減少，但太陽在周期結束前，又嚇了科學家一跳。八月四日，太陽閃焰引起了日冕，數百億太陽粒子飛射到太空中。在太空中的設備記錄到頻頻落下的粒子，傳回地球的數字非常驚人。在磁暴肆虐的每個小時內，地球周圍的輻射量是陸地輻射工作人員年度輻射限制的九倍。磁暴持續了十五點五個小時。如果太空人正在月球表面或在飛行途中，就會接收到磁暴前十個小時的致命輻射量。

下一次的超級閃焰出現在一九八九年三月十三日，發生時太陽黑子的數目正在增加。對地球磁場造成的衝擊引起電線上的浪湧，加拿大魁北克水力公司輸電網的控制人員為了保護發電設備，緊急採取應變措施。在下午兩點四十四分，太陽風暴的強度驟增，控制人員再怎麼努力也沒用，魁北克有六百萬人無電可用，整整停了九個小時的電。在北美洲也發生了類似的發電廠危機，最後修復工作耗費了一億美元。

在研究卡林頓事件期間，鶴谷到印度參加學術會議。他坐在印度地磁學會的拉辛納（Gurbax Lakhina）教授旁邊。吃晚餐時他們討論彼此的研究工作，鶴谷說他覺得很挫折，無法找出卡林頓磁暴的可靠讀數。第二天，拉辛納帶了一本他在學會資料庫中找到的皮革裝訂書籍，裡面裝了寫滿珍貴資料的數據。

印度地磁學會於一八二六年在孟買成立，原本叫做戈拉巴天文台。由東印度公司建立，提供天文測量和計時資料，以幫助航運順利，一八四〇年代初期磁場聖戰期間，被薩比恩升級成為磁場觀測站。雖然聖戰的資金早在一八五九年以前就用完了，但當地對相關工作有興趣的人仍繼續進行磁場研究。和格林威治及寇烏的設備相比，他們落後了幾十年，但操作的正確度和投入程度則不惶多讓。印度地磁學會沒有持續記錄的攝影筒，操作員用小望遠鏡觀察幾十公尺外掛在絲線上的磁鐵，從扭曲程度記下讀數。拉辛納找到了最早的紀錄，裡面就有測量的結果。

從紀錄中看到，當時的操作人員會每個小時記下讀數。事件發生於九月二日凌晨。到了早上十點，讀數顯示磁場發生了劇烈活動，磁鐵動個不停。操作人員改成每十五分鐘記錄一次，當磁暴愈演愈烈，又改成隔五分鐘就記錄一次。他們花了一整天的時間追蹤磁暴，一直到九月三日的傍晚，磁暴逐漸平息時，他們測量的間隔也拉長了。記錄下來的讀數都謄寫在鶴谷看到的這本書裡。

他最關心的讀數出現在早上十一點半，顯示了磁暴時最大的磁鐵偏斜角度。最重要的是讀數非常清楚，並未超出可測量的範圍。一回到噴射推進實驗室，鶴谷和同事就把數字輸入電腦模型中，發現卡林頓事件的真相。一八五九年的磁暴大約是一九八九年的三倍強，也超越了一九七二年的磁暴。二〇〇三年萬聖節的磁暴相較之下還算溫和，強度只有一八五九年的五分之一。

卡林頓的磁暴的確是完美太陽風暴。鶴谷的結果開始流傳後，愈來愈多的研究人員對一八五九年的事件重燃興趣。壯觀的極光引起他們注意，因為很多報告都提到紅色的光芒。目擊者說他們看到了「上千個奇異的圖形，彷彿用火焰在黑色背景上作畫」，有一道極光明亮極了，「紅光鮮艷無比，屋頂和樹葉看起來就像沾滿了血」。研究人員知道這場磁暴不容小覷，起因是大量的電子撞擊大氣層中兩百到五百公里高的氧原子。之後，磁暴繼續前進，電子更加深入大氣層，從撞到的氧原子裡抽出綠光。

像一八五九年這麼強烈的磁暴，較重的質子也不可忽視。通常質子碰到地球的磁屏後會轉向，但在強烈的磁暴中就會跟電子一起進入大氣層。進入大氣層後，質子就會引發肉眼看不到的紫外線極光，引起化學反應。質子磁暴會讓硝酸鹽形成，這些沉重的分子穿過大氣層掉到地面上，消失在地表上每天發生的化學作用中。然而，少部分掉到北極或南極的硝酸鹽命運就不一樣了。這些分子被永久凍結住，冰雪一層層落下，把它們封在玄冰裡。

卡林頓的閃焰出現後，籠罩地球的極光速度讓美國麻州貝德福空軍研究實驗室的席亞（Margaret Shea）博士判斷出，閃焰的推擠一定非常猛烈，才能讓質子進入地球的大氣層。這表示閃焰會讓硝酸鹽形成，並把證據鎖在地球兩極的冰原中。

研究南北極的科學家已經很熟悉取出和分析冰核的技術，才能研究鎖在其中的大氣組成。由於冰原很厚，科學家可以回溯好幾個世紀，例如監控工業革命時造成的大氣污染等氣候現象。席亞知道來自冰核的硝酸鹽也可以提供數據。她召集了美國各地的學者，在一九九二年分析了來自格陵蘭的冰核。圓筒狀的冰核就像男性的上臂一樣粗，取出像通道那麼長的長度。冰層的年份橫跨一五六一年到一九五〇年。科學家先把冰核切成容易處理的長度，然後把冰塊放在溫暖的盤子上融化，再分析融出來的水裡有沒有硝酸鹽。

取得資料後，席亞和其他科學家發現七十處硝酸鹽明顯沉積的地方，每一處都對應到過去三百八十九年以來發生閃焰的時間，冰核記錄下每次閃焰。使用一九五〇年之後衛星產生的測量結果，他們發現另外八次太陽閃焰。算起來總共發生了七十八次閃焰，每次發生時，地球大氣層每一平方公分的面積都有二十億個質子強行通過。為了把事件次數減少到比較容易處理的程度，他們以一九七二年八月的超級閃焰當作參考點。最後留下十九次超級閃焰，通過地球大氣層每一平方公分的質子數目超過五十億。其中有一次的數據高達基準點的四倍。計算這次強烈磁暴攻擊地球的時間時，科學家指出是在一八五九年的秋天，也就是卡林頓看到閃焰的時間。磁暴發生期間，地球大氣層每一平方公分的面積有兩百億個質子打下來，數字非常驚人。

在二〇〇四年，美國和加拿大的聯合地球物理年會在蒙特婁舉行。這場會議吸引了數百名不同領域的科學家前來參加，發起人發現有幾十位科學家以二〇〇三年的磁暴為根據，要發表一八五九年磁暴的新調查結果。在一星期的議程中，他們花了一天半的時間討論這個主題。

完美太陽風暴有四個要素：（一）閃焰引起的日冕物質噴發速度一定要很快，（二）必須正對著地球，（三）必須比散亂的長命磁暴更加凝聚，（四）日冕物質噴發的磁場一定要正好跟地球反方向。卡林頓的磁暴符合所有四個要素，而其他的磁暴最多只符合三個。舉例來說，萬聖節閃焰的磁場方向就沒有恰好相反，造成的損害也就沒那麼強烈。明白這一點後，科學家開始想像，如果一八五九年發生的磁暴在二十一世紀擊中地球，會帶來什麼後果。我們的生活和電力科技息息相關，美國空軍研究實驗室的克萊夫（Edward Cliver）說這會是「最糟糕的情況」。

如果這麼強烈的磁暴攻擊地球，世界各地的無線電和電話通訊會先陷入癱瘓。大氣層上方出現的電力會阻擋手機信號傳播和其他依靠無線電波的通訊。

磁暴會讓電線上的電流大量升高，發電廠即將面臨嚴重的危機。如果發電廠沒有適當的防護，湧入的電力會融化變壓器，到處一片漆黑，尤其如果磁暴在冬天發生，年老或體弱的人也將面臨危險。輸油管也會把電流送到加油站，有可能損害敏銳的設備。

衛星也會遭受劇烈的損害。電子和質子的電荷會讓高科技太空巡航設備的心臟和大腦過載及短路，衛星導航系統也會發生故障。即使衛星沒被電力毀壞，太陽能板的腐蝕也會減損可用的電力。地球大氣層中的熱力會導致衛星膨脹，把比較低的衛星拉離軌道。一九八九年三月的磁暴對上千個繞著地球運行的衛星造成了明顯的影響。

國際太空站上的太空人的健康也不免受到影響，一九七二年八月的超級閃焰就散放出大量的輻射。在地球上，航空公司急忙重新安排航班路線，避開南極和北極，並降低飛航高度，讓飛機留在比較濃厚的大氣層下方。如果不做這些措施，只要搭一次飛機，乘客就會接收比十次胸部X光還要強烈的輻射。

這就是為什麼我們需要像SOHO太空船如此可敬的看門犬，負起監督的功能，警告我們危險就在眼前。除了警告我們太陽閃焰何時會暴發，也會發出十五至三十個小時的風暴警報，利用SOHO的科學家也覺得他們愈來愈了解太陽，可以做出長期預報。

二〇〇六年，太陽進入周期的靜止期。在二月的二十八天內，有二十一天太陽上沒有出現黑子。這時，在科羅拉多柏德的美國國家大氣研究中心，科學家用SOHO的資料預測下一次太陽黑子最大值時，應該是過去五十年來最活躍的時候，也有可能超越過去四百年來的紀錄。科學家發展出一套電腦模擬程式來研究太陽內氣體移動的方式。SOHO的資料顯露巨大的移動氣體「輸送帶」把靠近表面的物質撈起來，送入太陽內部深處。一般來說要好幾十年，而氣體循環的速度決定穿過內部的時間。這似乎會覆蓋曾是太陽黑子的磁性區域，本來磁力快要消失了，又慢慢讓磁力恢復。然後磁性區域就會再度上升到表面，化身為新一代的太陽黑子。

利用電腦模擬，蒂帕堤（Mausumi Dikpati）博士和小組成員輸入過去八十年的資料，成功地詮釋每次太陽黑子最大期的規模。成果讓他們非常振奮，也模擬了下一次太陽黑子最大期，預期會落在二〇一〇年到二〇一二年之間。他們的結果預測下一次的活動力會比二〇〇三年到二〇〇四年的最大期增加百分之三十到五十；或許這告訴我們，我們將會看到另一次卡林頓閃燄。

這麼強烈的磁暴一定會對人類和科技造成嚴重的損害，但除此之外，有些科學家也願意重新考慮太陽對地球的天氣系統所帶來的影響。也許，老赫歇爾所主張太陽黑子和小麥價格之間的關聯並沒那麼荒謬。

第13章
雲室

兩百年前，老赫歇爾鼓勵皇家學會的會員調查太陽黑子和地球氣候之間的關聯，現在有兩位以色列籍科學家就在做這方面的研究。台拉維夫以色列宇宙射線中心的普斯堤尼克（Lev A Pustilnik）博士和卡茲林哥蘭研究院的永姆丁（Gregory Yom Din）教授使用現代的統計方法重新評估老赫歇爾的想法。二〇〇三年分析結束後，他們的結論是這位天文學大師終究是對的：在十七世紀時，英國的小麥價格和太陽活動之間的確有關聯。太陽活動最小期的小麥價格比太陽活動最大期高。表示最小期時作物比較難生長，導致小麥供應減少，價格也跟著上漲。

雖然老赫歇爾當時無法說服任何人相信兩者之間的關聯，還受人譏諷，但普斯堤尼克和永姆丁指出，這位天文學大師除了天王星和紅外線放射線外，還有第三項偉大的科學發現。

由於沒有人可以想到一種機制，把太陽的磁力活動傳送到地球大氣層中和天氣有關的地方，所以科學家無法定義氣候和太陽黑子之間的關聯。最顯而易見的想法就是太陽的亮度會改變。然而，自從約翰赫歇爾和其他人從十九世紀中開始發明測量太陽能量的裝置後，天文學家收集到的證據顯示太陽的亮度在整個周期中一直保持穩定。

近幾十年來，不少太空船從軌道上長期觀察太陽，也清楚測量出太陽黑子最大期和最小期之間，太陽的亮度只有百分之零點一的變化。每天和每週的變化也差不多只有百分之零點一，似乎受到個別太陽黑子來去的影響。但大多數科學家很難相信太陽能量百分之零點一的細微變化對地球氣候能造成任何實質影響。然而在一九九七年，發現一種機制可以顯示太陽會影響地球的氣候。這種機制和陽光無關，而且很奇怪，會讓人想起薩比恩在一八五二年提出的主張，也就是地球的磁力會跟著太陽黑子的周期變化。

分析一九七九年四月到一九九二年十二月之間天氣衛星收集到的紀錄後，丹麥氣象學會的史文斯馬克（Henrik Svensmark）博士和福里斯克里斯坦森（Eigil Friis-Christensen）博士發現，目前已知與太陽黑子周期有關的現象和地球的雲層會同時發生變化。他們把自己的發現稱為「太陽和氣候的關係之間失落的環節」。這個環節的重心就是宇宙射線湧進的現象。二十世紀初，科學家發現了這些神秘的射線。射線從太空落入地球，組成的粒子很像太陽釋放出來的粒子，但帶有更多能量。確切的來源仍未知，但天文學家猜測射線來自太空中的星體，爆炸後散落各處，離我們好幾千光年遠，與銀河系的中心也相距好幾百萬光年。射線打到地球大氣層上方時，就會產生更小的粒子，如陣雨般落在更低的氣流層上，碰撞到該處的原子及分子。

物理學家從二十世紀中就開始監控宇宙射線活動，很清楚地看到在太陽活動頻繁時，宇宙射線的數目就會下降。他們相信這是因為在太陽黑子到達最大值時，來自太陽的粒子風變得更強，擴大太陽的磁場，使得宇宙射線轉向。從每天的讀數可以確認在大型太陽風暴過後，打到地球的宇宙射線就會很明顯地減少。

史文斯馬克和福里斯克里斯坦森提出，地球被雲層覆蓋的比例會隨著切入大氣層的宇宙射線數目變化，這令科學界非常驚訝。根據他們的資料，碰到地球的宇宙射線愈多，雲層就愈厚。在太陽黑子最小期，宇宙射線最多，此時地球上的雲層比太陽黑子最大期多出百分之三到百分之四。雲層會吸走大氣中的熱力，這大於它們反射到太空中的陽光量。所以，多雲的地球代表較冷的地球，老赫歇爾的主張因此就更可信，較少的太陽黑子導致較少的收成及較高的小麥價格。

如果科學家正視蒙德的太陽黑子主張，或許就會更早對老赫歇爾的想法重拾興趣。時值一九二二年，蒙德雖然已經退休，卻覺得應該繼續工作。在一九一四年到一九一八年間，他不得不回到格林威治空蕩蕩的圓頂內工作，因為助手都被徵召參加第一次世界大戰。現在，他又可以為自己工作。太陽黑子的觀測結果就擺在眼前，但周圍的人似乎都沒有看到。他很驚訝居然沒有人發現到一八九〇年代的特殊現象有多重要，所以他必須先抓住大家的目光。七十一歲的蒙德雖然深為腹疾所苦，卻覺得他應該要再試一次。

太陽黑子的歷史資料非常廣泛，在十九世紀中期首先由德國天文學家施波雷爾編纂成冊，蒙德據此解釋，從歷史資料看來，在一六四五年到一七一五年間，幾乎沒有人注意太陽表面的這些深色微粒。一六七一年有人看到太陽黑子，在科學界掀起一股熱潮，因為前一次的紀錄已經是二十年前了。當時的天文學家注意到，就在伽利略初次使用望遠鏡記錄太陽黑子後接下來幾年，太陽上的斑點很多，但過了十七世紀中，數目就明顯減少。一七一五年，太陽又恢復活躍，引起了壯觀的極光，皇家學會十分震驚，派哈雷去調查這個現象並提出報告。不知為什麼，極光引起的興奮讓人忽視了太陽磁場沉靜了七十年的潛在重要性。

蒙德分析了一六四五年到一七一五年間少數可見的太陽黑子，發現可以描繪出一個比較弱的太陽周期。在記述他的發現時，他說那就像在一個深深淹沒在水中的國家，只有最高的物體能探出頭來，讓人能夠探索沉在水底的鄉間地形，所以太陽黑子似乎可以看出「內陷黑子曲線」的最大值。

蒙德了解太陽周期的強度變化對太陽和地球的磁場關聯有深刻的影響，希望能引起大家的注意。正如他在一八九〇年代想要出版太陽黑子周期的長期變化，但沒有人有興趣。蒙德的作品靜靜躺在蒙塵的圖書館裡，過了半個世紀，到了一九七〇年代，美國科羅拉多州高地天文台的艾迪（Jack Eddy）博士發現兩項巧合：一項很諷刺，另一項很深奧。第一項是艾迪口中的「蒙德最小期」正好完全吻合法國太陽王路易十四世統治的年代。第二項巧合更突顯出諷刺之處：在這些年間，很少人感受到太陽的熱力，因為路易十四世的王朝碰上了一千多年來歐洲天氣最糟糕的時期。當時的冬天酷寒，被稱為小冰期。荷蘭的運河連續冰封了好幾個月，在英國，每年泰晤士河結冰後，還可以在厚實的冰面上舉辦市集。從現代的觀點來看，那種景象或許很浪漫，但對數百萬期待陽光帶來好收成的人來說，他們就覺得糟透了。很多人只能勉強糊口，小冰期時代的糧食短缺給人非常艱苦的生活。

艾迪發現小冰期時正好太陽黑子幾乎都消失了，天文學家和氣候學家不得不重新考慮太陽對氣候變化的影響。

艾迪在科羅拉多大學教授太陽物理學時對天文學歷史產生興趣。他讀了愈來愈多的歷史故事後，發現陸陸續續有人討論天氣型態和太陽活動的關係。艾迪身為一九七〇年代太陽天文學界的一員，他和其他人認為小冰期是上帝的詛咒。有一天，他和芝加哥大學的派克教授討論起這個話題。派克很睿智地指引他研讀蒙德被人忽略許久的論文。艾迪看了蒙德的論文只覺得不敢置信。他認為蒙德缺乏觀測結果，才會受到矇騙，便決定要搜尋空白時期的紀錄，證明一六四五年到一七一五年間的蒙德最小期其實不存在。

艾迪一有空就到圖書館和檔案庫尋找資料。手稿看得愈多，他愈覺得自己在「破解太陽物理學的死海經卷」，也更沉迷在這些資料中。每看一份報告，艾迪起初的不相信也跟著軟化。有機會研究太陽黑子真的讓他覺得很振奮，他也開始相信太陽周期的確出現了很長一段休止期。但接下來災難降臨：研究進行到一半，高地天文台的預算縮減，艾迪的名字也出現在裁員的名單上。

為了養活妻子和四個小孩，他放棄研究蒙德最小期，瘋狂尋找新工作。一再遭到拒絕後，艾迪非常絕望。後來NASA給他一份臨時工作，為他們的太空站「太空實驗室」撰寫正史，他接受這份工作，很快也發現他還得到了料想不到的額外好處。

他必須去幾所大學拜訪曾負責太空實驗室任務的科學家，這讓他能趁機到這些大學的圖書館參觀。他開始尋找更多的歷史紀錄，重新開始之前放棄的蒙德研究。最後他收集了蒙德最小期前後的大量太陽黑子資料，也發現在一六四五年到一七一五年間，太陽的活動的確減少，所以觀測資料才如此缺乏。

為了鞏固他的結論，艾迪又費心尋找太陽黑子目擊者的紀錄，發現在蒙德最小期結束後，看到極光的次數突然暴增十倍。但他仍不滿意，他在心中自問蒙德還遺漏了什麼，他要從這些地方下手。

答案就是樹木年輪的碳分析。每年到了生長季節，樹木會從大氣中吸收二氧化碳，用碳原子建造新細胞，讓樹幹愈來愈粗。冬天到了，新生的地方就會變硬留下年輪。當宇宙射線撞到大氣層，就會把碳變成一種叫做碳-14的同位素。結合氧氣後，就會產生二氧化碳，然後被樹木吸收。所以樹木中碳-14的量就會透露出這一年的宇宙射線強度。

在蒙德最小期的年份中，嚴重缺乏太陽的磁力活動，艾迪推論湧入的宇宙射線一定很多。在太陽活動正常的年份，地球得到更多來自太陽的磁力保護，相較之下在蒙德最小期，碳-14的比例應該比較高。看過樹木的年輪資料後，艾迪找到了他想要的東西及其他資料。除了蒙德最小期的明顯特徵之外，在望遠鏡發明前，一四六〇年到一五五〇年間的太陽活動也和蒙德最小期十分類似。艾迪把這個時期稱為施波雷爾最小期，因為天文學家的動機就來自施波雷爾的研究成果。耐人尋味的是，一一〇〇年到一二五〇年間，碳-14的讀數也很低。看來太陽當時非常活躍，提供地球強大的磁力罩抵擋宇宙射線。這段期間正好就是氣候學家口中的「中世紀暖期」，當時溫帶的北方大體而言比平常溫暖。氣候溫暖乾燥，加上風平浪靜，維京人得以佔領冰島和格陵蘭作為殖民地。格陵蘭殖民地生產出大量的小麥，作物可以送回斯堪地那維亞。同時，美洲的平原上也出現了巨大的沙丘，因為雨量稀少，地上長不出草來。

太陽和中世紀暖期之間的關聯激起艾迪的好奇心，他翻閱自己的太陽黑子紀錄。雖然十二、十三世紀時望遠鏡還沒發明，但他收集了來自東方用肉眼觀測的資料，還有看到極光的紀錄。他發現以一一八〇年為中心的前後一百年內，看到太陽黑子和極光的次數都大幅增加。

從資料中他找到了明顯的趨勢：太陽黑子變少，表示磁力活動減少，也就會讓更多宇宙射線進入大氣層，降低地球的溫度。雖然同儕都不看好他的想法，艾迪繼續努力照著自己的想法進行研究，並在一九七六年發表成果。他在美國最有名望的《科學》期刊上刊出研究成果，因為他認為除了天文學家外，其他的科學家應該也有很興趣。之前大家對施波雷爾和蒙德的說法都沒有興趣，但艾迪卻成功吸引眾人的注意力。他的王牌就是展現太陽活動和地球氣候明顯變化之間的巧合。再加上現代人愈來愈關切全球暖化的議題，也給了他助力。論文一開始就討論目前仍未停歇的爭議，從過去到現在，研究人員都一直在調查太陽對氣候變化到底有什麼影響。

自十九世紀以來，全球的溫度平均升高了攝氏零點六度。大多數的氣候學家相信這主要是由於人類的工業活動污染大氣層，地球溫度因此上升。少數人則相信太陽變化也是重要的因素，甚至有可能超越人為因素。

史文斯馬克和福里斯克里斯坦森主張宇宙射線和雲層厚度之間有關聯，這個想法的本質就是太陽造成全球暖化的爭議重點。這個問題很難解決，因為雲層形成的方式對科學家來說還是一個謎。科學家知道水滴需要附著在某個物體上才能凝結，讓雲朵愈長愈大。寬度介於一公尺的百萬分之零點一到百萬分之一之間的氣膠粒子就很適合。火山活動或燃燒化石燃料後，氣膠粒子就會進入大氣層。問題是：宇宙射線是否能催化更多氣膠粒子形成，因此導致雲量變多？

二十世紀即將結束時，粒子物理學家所從事的先進研究提供了線索。他們發現帶電的粒子會吸引水滴形成雲朵。他們造出叫做「雲室」的裝置來利用這種行為，揭露用其他方法看不到的次原子領域。他們在雲室內裝滿空氣和水汽，然後將帶電粒子射過混合物。在通過時，帶電粒子撞上空氣分子，傳送電荷給空氣。接著就吸引了水汽，形成肉眼可以看到、也可以拍攝的雲跡。

史文斯馬克和福里斯克里斯坦森一九九七年的研究成果顯示，整個地球或許就是一個雲室，外太空不斷落入的次原子粒子引起反應。地球上的宇宙射線在太陽黑子最大期和最小期之間的強度變化為百分之十五，跟羅盤的變化差不多，如果要測量靠近地球表面上的太陽活動，就可以從這裡下手。正如太陽爆發釋放出來的質子會在兩極冰層留下指紋，宇宙射線也一樣。但宇宙射線不會導致硝酸鹽形成，而是產生元素鈹的同位素，鈹-10。當普斯堤尼克和永姆丁證實老赫歇爾的小麥價格主張時，他們就是用來自冰核的鈹-10資料來取代太陽黑子的觀測結果。

太陽造成全球暖化的話題之所以愈來愈熱門，是因為有愈來愈多的證據顯示太陽的磁力活動已經到達八千年以來的新高點。這項資料來自樹木年輪。德國馬克斯普朗克太陽系研究所的索蘭基（Sami Solanki）博士和研究小組大規模地研究樹木年輪中的碳-14，並用結果推論自人類有歷史紀錄來的太陽活動程度。根據他們的結果，過去七十年來的太陽活動是八千年來最頻繁的，也超越中世紀暖期。在英國牛津郡拉塞福亞勃里頓實驗室工作的洛克伍（Mike

Lockwood）教授進行了另一項研究，證實了索蘭基的結果，他也主張自一九〇一年來，太陽的磁力活動已經增加超過一倍。磁力活動增加，更多的宇宙射線就會轉向，雲層也愈來愈少，地球溫度跟著提高。有些人覺得這些詳盡的證據很有說服力，全球暖化原來是今日的太陽磁力活動造成。但有些人則認為儘管如此，但人為污染早已超越太陽帶來的影響。當然，必須找到某種測試太陽效應的方法。

不幸地，由於氣候研究常常受到政治因素影響，很難進行中立的研究。有些工業遊說團體和政府會拿自然暖化當成手段，規避改善污染的做法。另一方面，環保團體有時候會從思想的角度進行反抗，不承認太陽對氣候有任何的影響。

二〇〇〇年，來自歐洲、美國和俄羅斯大學和研究機構的五十六名科學家組成聯盟，一起規劃實驗，來研究宇宙射線對地球雲層的影響。這個聯盟的縮寫就是英文的「雲層」CLOUD（全名很幽默，Cosmics Leaving OUtdoor Droplets），他們要仿照地球大氣層的特性建造雲室，然後將高能量的質子束送進去。偵測器會判斷受測大氣對偽宇宙射線的反應。在本書寫作時，雲室的建造尚未完成，預計會在二〇〇八年啟用，研究人員會在法國和瑞士邊界的歐洲核子研究組織使用粒子加速器來提供質子束。

如果太陽王的故事對我們有任何意義，那就是巧合之下通常有隱藏的事實。的確，十九世紀天文學家想了解太陽黑子和磁暴之間的關聯，今日的科學家發現不尋常的景況而聯想到當時的經驗。不論太陽是不是全球暖化的元凶，太陽調和宇宙射線的動作告訴我們，地球和宇宙之間的密切程度超過維多利亞時代所能理解。

十六世紀的詩人唐恩（John Donne）最有名的詩句就是「沒有人是座孤島」。還好十九世紀的太陽王開始的研究工作一直延續到今日，讓我們知道行星也不是孤島。如果約翰赫歇爾還活著，看到正反兩方的證據，他一定有理由重複一百五十年前說過的話：「我們正要揭開宇宙中的一大奧秘，迄今所能想到的東西都無法望其項背。」

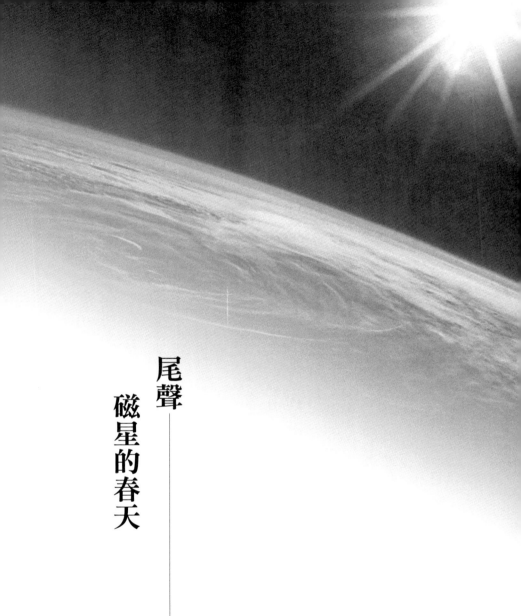

尾聲——磁星的春天

二〇〇四年十二月二十七日，太陽系出現有史以來最大的伽瑪射線爆發。被輻射重重包圍的衛星立刻將警告訊息傳回地面母站。噴發的射線掃過地球時，有一部分擊中月球後彈回來，再度撞擊地球。天文學家進行三角測量時，發現爆發並非來自太陽，而是來自外太空。往回追溯時，天文學家只找到一個有可能是起因的天體：一個被認為已死的星，直徑只有二十公里，離地球約五萬光年。這種天體叫做磁星，非常少見，在人類所知的範圍內，自然界沒有其他物體的磁場能夠超越磁星。如果你可以用魔術把磁星放在地球和月球中間，其磁場的強度會把地球上所有的信用卡都消磁。

天文學家分析伽瑪射線的資料後得出驚人的數字。磁星爆發後，在十分之一秒內釋放出來的能量大於太陽在十萬年內照耀到太空中的能量。這麼遠的天體居然能讓地球承受如此驚人的輻射量，天文學家知道後都目瞪口呆。他們立刻開會討論分享資料，會議的主題是「來自磁星的巨大閃焰：穿越銀河系急襲地球」。

其中一位講者是來自美國加州史丹佛大學的伊南（Umran Inan）教授。他說當爆發發生時，他正在記錄地球大氣層最外層產生的超低頻率無線電波。那天儀器記錄到的數據嚇了他一跳。所有太陽釋放出來的能量都不如這一波伽瑪射線，正面接受衝擊的地球半球上，原子都裂開了。大氣層過了一個多小時才恢復正常。

自從卡林頓看到夏天的第一隻太陽燕子，到現在已經過了將近一百五十年，天文學家終於第一次得窺磁星的春天。

參考書目 bibliography

我努力把詞條列出一次，並標示在最適當的章節裡。

前言：狗的年齡

Brekke, Pal (2005) SOHO and solar flares, private communication.

Foullon, C., Crosby, N., and Heyndericks, D. (2005) Towards interplanetary space weather: Strategies for manned missions to mars, *Space weather* 3, S07004, doi:10.1029/2004SW000134.

Gentley, I. L., Duldig, M. L., Smart, D. F., and Sheas, M. A. (2005) Radiation dose along North American transcontinental flight paths during quiescent and disturbed geomagnetic conditions, *Space weather* 3, S01004, doi:10.1029/2004SW000110.

Hildner, Ernest (2005) Space Weather Services at NOAA/SEC: Update. 2nd Symposium on Space Weather, San Diego.

Hogan, Jenny (2004) Sunspot sunset, *New Scientist* 181, no. 2430, 9.

Iles, R.H.A., Jones, J.B.L., and Smith, M. J. (2005) Halloween 2003 Storms: Providing Space Weather Services for Aviation Operations. 2nd Symposium on Space Weather, San Diego.

Jansen, F. (2004) Technical failures of effects due to the space weather storms in the period October/November 2003. Published on http://www.www.uni-greifswald.de/.

Joint USAF/NOAA Report of Solar and Geophysical Activity (2003) SDF number 302.

Jones, Bryn (2005) Space Weather-Operational and Business Impacts. Airline Space Weather Reports, Boulder.

Jones, Bryn, Iles, R.H.A., and Smith, M. J. (2005) Integrating Space Weather Information into Global Aviation Operations. 2nd Symposium on Space Weather, San Diego.

Kappenman, John G. (2005) Impacts to Electric Power Grid Infrastructures from the Violent Sun-Earth Connection Events

of October/November 2003. 2nd Symposium on Space Weather, San Diego.
Murtagh, William J. (2005) Redefining the Solar Cycle: An Operational Perspective. 2nd Symposium on Space Weather, San Diego.
NOAA Extreme Solar Flare Alert (2003) Space Weather Advisory Bulletin 03-5.
NOAA Intense Active Regions Emerge on the Sun (2003) Space Weather Bulletin 03-2.
NOAA Solar Active Region Produces Intense Solar Flare (2003) Space Weather Advisory Bulletin 03-3.
NOAA Space Weather Outlook (2003)Space Weather Advisory Outlook 03-44.
NOAA Space Weather Outlook (2003)Space Weather Advisory Outlook 03-47.
NOAA Space Weather Scales, www.sec.noaa.gov/NOAAscales/.
Tsurutani, B. T., Judge, D. L., Guarnieri, F. L., Gangopadhyay, P., Jones, A. R., Nuttall, J., Zambon, G. A., Didkovsky, L., Mannucci, A. J., Iijima, B., Meier, R. R., Immel,T. J., Woods, T. N., Prasad, S., Floyd, L., Huba, J., Solomon, S. C., Straus, P., and Viereck, R. (2005) The October 28, 2003 extreme EUV solar flare and resultant extreme ionospheric effects: Comparison to other Halloween events and the Bastille Day event, Geophys. Res. Lett. 32, no. 3, L03S09.
Unknown SOHO Web pages: www.esa.int/science/soho, sohowww.estec.esa.nl/, soho.esa.int/science-e/www/area/index.cfm?fareaid=14.

第1章：燕子來了，夏天的腳步不遠了？

Bruzelius, Lars (2005) Clipper ships and aurora, private communication.
Carlowicz, Michael J., and Lopez, Roman E. (2002) *Storms from the Sun.*
Joseph Henry Press, Washington, DC.
Carrington, R. C. (1860) Description of a singular appearance seen in the Sun on September 1, 1859. *Monthly Notices of the Royal Astronomical Society* 20:13.
Davis, T. N. (1982) Carrington's solar flare. Alaska Science Forum (www. Gi.alaska.edu/ScienceForum), Article 518.
Hodgson, R. (1860) On a curious appearance seen in the Sun. *Monthly Notices of the Royal Astronomical Society* 20:15.

——(1861) On the brilliant eruption on the Sun's surface, 1st September 1859. Report of the 13th Meeting of the BASS, held at Oxford 1860, 36. John Murray, London.

Loomis, Elias (1860) The great auroral exhibition on Aug. 28th to Sept. 4th, 1859, and the geographical distribution of auroras and thunder storms-5th Article. *American Journal of Science and Arts* (2nd series) 30, no. 88:79.

——(1860) The great auroral exhibition of Aug. 28th to Sept. 4th, 1859-6th Article. *American Journal of Science and Arts* (2nd series) 30, no. 90:339.

——(1860) The great auroral exhibition of Aug. 28th to September 4th, 1859-2nd Article. *American Journal of Science and Arts* (2nd series) 29, no. 85:92.

——(1860) The great auroral exhibition of Aug. 28th to September 4th, 1859-3d Article. *American Journal of Science and Arts* (2nd series) 29, no. 86:249.

——(1860) The great auroral exhibition of Aug. 28th to September 4th, 1859-4th Article. *American Journal of Science and Arts* (2nd series) 29, no. 87:386.

——(1860) The great auroral exhibition of Aug. 28th to Sept. 4th, 1859-7th Article. *American Journal of Science and Arts* (2nd series) 32, no. 94:71.

——(1860) The great auroral exhibition of Aug. 28th to Sept. 4th, 1859, and on auroras generally-8th Article. *American Journal of Science and Arts* (2nd series) 32, no. 96:318.

Stewart, Balfour (1861) On the great magnetic disturbance which extended from August 28 to September 7, 1859, as recorded by photography at the Kew Observatory. *Phil. Trans.* 151:423.

Unknown (1851) The new clipper ship *Southern Cross*, of Boston. *The Boston Daily Atlas*, May 5 edition.

——(1860) The great auroral exhibition of Aug. 28th to September 4th, 1859. *American Journal of Science and Arts* (2nd series) 28, no. 84:385.

第2章：赫歇爾的荒謬理論

Gribbin, John (2005) The Fellowship: *The Story of a Revolution*. Penguin, London.

Hall, Marie Boas (2002) *All Scientists Now: The Royal Society in the nineteenth Century.* Cambridge University Press, Cambridge.

Herschel, William (1796) On the method of observing the changes that happen to the fixed stars; with some remarks on the stability of the light of our Sun. *Phil. Trans.*, 166.

——(1800) Experiments on the refrangibility of the invisible rays of the Sun. *Phil. Trans.* 90:284.

——(1800) Investigation of the powers of the prismatic colours to heat and illuminate objects; with remarks, that prove the different refrangibility of radiant heat. To which is added, an inquiry into the method of viewing the Sun advantageously, with telescope of large apertures and high magnifying powers. *Phil. Trans.* 90:225.

——(1800) On the nature and construction of the sun and fixed stars. *Phil. Trans.* 85:46.

——(1801) Observations tending to investigate the nature of the Sun, in order to find the causes of symptoms of its variable emission of light and heat, with remarks on the use that may possibly drawn from solar observations. *Phil. Trans.* 91:265.

Hoskin, Michael (2003) *The Herschel Partnership: As viewed by Caroline*. Science History Publications, Cambridge, U.K.

Hoskin, Michael (ed.) (2003) Caroline Herschel's Autobiography. Science History Publications, Cambridge, U.K.

Hoskin, Michael (2005) Unfinished business: William Herschel's sweeps for nebulae. *History of Science* 43.

——(2005) William Herschel's sweeps for nebulae. *The Speculum* 4, no.1: 38.

Hufbauer, Karl (1991) *Exploring the Sun: Solar Science since Galileo.* Johns Hopkins University Press, Baltimore.

Lovell, D.J. (1868) Herschel's dilemma in the interpretation of thermal radiation. Isis 59, no. 1:46.

Lubbock, C. (1933) *The Herschel Chronicle.* Cambridge University Press, Cambridge.

Schaffer, Simon (1980) "The Great Laboratories of the Universe" : William Herschel on matter theory and planetary life. *Journal for the History of Astronomy* 11:81.

——(1980) Herschel in Bedlam: Natural history and stellar astronomy. *British Journal for the History of Science* 13, no. 45:211.

——(1981) Uranus and the establishments of Herschel's astronomy. *Journal for the History of Astronomy* 12:11.

Soon, Willie, and Baliunas, Sallie (2003) *The varying Sun and Climate Change.* Fraser Forum, Vancouver.

Taylor, R.J. (ed.) (1987) *History of the RAS.* 2 volumes. Blackwell Scientific Publications, Oxford.

Unknown. Royal Society Web site: www.royalsoc.ac.uk.

——Somerset House Web site: www.somerset-house.org.uk.

第3章：磁場聖戰

Blockh, Alberto (1972) *Consequences of Uncontrolled Human Activities in the Valencia Lake Basin in The Careless Technology: Ecology and International Development.* Natural History Press, New York.

Cawood, John (1979) The magnetic crusade: Science and politics in early Victorian Britain. *Isis* 70, no. 254:493.

Cliver, E. W. (1994) Solar activity and geomagnetic storms: The first 40 years. *Eos, Transactions, American Geophysical Union* 75, no. 49:569, 574-575.

Gilbert, William (translated by Sylvanus P. Thompson, 1900) *On the Magnet.* London.

Good, Gregory (2004) *On the Verge of a New Science: Meteorology in John Herschel's Terrestrial Physics, from Beaufort to Bjerknes and Beyond: Critical Perspectives on the History of Meteorology.* International Commission on History of Meteorology, Weiheim, Germany.

Hawksworth, Hallan, and Atkinson, Francis B. (1926) *A Year in the Wonderland of Trees.* Charles Scribner's Sons, New York.

Helferich, Gerard (2004) *Humboldt's Cosmos.* Gotham Books, New York.

Hoskin, Michael (1993) *Bode's Law and the Discovery of Ceres*, 21-33. Astrophysics and Space Science Library 183: Physics of Solar and Stellar Coronae, J. Linski and S. Serio (eds.). Dordrecht,Kluwer.

Kollerstrom, N. (1992) The hollow world of Edmond Halley. *J. History of Astronomy* 23:185.

Malin, S.R.C. (1996)Geomagnetism at the Royal Observatory, Grrenwich. *Quart. J. Roy. Astron. Soc.* 372:65.

Malin, S.R.C., and Barraclough, D. R. (1991) Humboldt and the earth's magnetic field. *Quart. J. Roy. Astro. Soc.* 32:279.

Millman, Peter M. (1980) The Herschel dynasty-Part II:John Herschel. J. Roy. Astron. Soc. Can. 74, no. 4:203.

Pumfrey, Stephen (2002) *Latitude and the Magnetic Earth.* Icon Books, London.

Reingold, Nathan (1975) Edward Sabine, in *Dictionary of Scientific Biography,* vol. 12, p.49. Charles Scribner's Sons, New York.

Robinson, P. R. (1982) Geomagnetic observatories in the British Isles. *Vistas in Astronomy* 26:347.

Stern, David P. (2002) a millennium of geomagnetism. *Reviews of Geophysics* 40, no. 3:1-1-1-30. (Also available on-line: www.phy6.org/earthmag/mill_1.htm.)

Weigl, Engelhard (2001) Alexander von Humboldt and the beginning of the environmental movement. *International Review for Humboldtian Studies, HiN*2, no. 2.

第4章：同生同變

Buttman, Gunther (1970) *The Shadow of the Telescope: A Biography of John Herschel.* Charles Scribner's Sons, New York.

Carrington, R. C. (1851) An account of the late total eclipse of the Sun on July 28, 1851, as observed at Lilla Edet. *Pamphlets of the Royal Astronomical Society* 42, no. 9.

——(1851) On the longitude of the observatory of Durham, as found by chronometric comparisons in the year 1851. *Monthly Notices of the Royal Astronomical Society* 12:34.

——(1851) Solar eclipse of July 28, 1851, Lilla Edet, on the Gota River. *Monthly Notices of the Royal Astronomical Society* 12:55.

Chapman, Allan (1996) *The Victorian Amateur Astronomer: Independent Astronomical Research in Britain,* 1820-1920. Wiley-Praxis, Chichester, U.K.

Forbes, Eric G. (1975) Richard Christopher Carrington, in *Dictionary of Scientific Biography* vol. 3, p. 92. Charles Scribner's Sons, New York.

Herschel, John (1852) Letter to Edward Sabine 15/3/52. Royal Sabine Archives.

——(1852) Letter to Michael Faraday 10/11/52. Royal Herschel Archives.

Keer, Norman C. (2002) *The Life and Times of Richard Christopher Carrington B.A. F.R.S. F.R.A.S. (1826-1875).* Privately published.

Kollerstrom, Nick (2001) Neptune's discovery: The British case for co-discovery. http://www.ucl.ac.uk/sts/nk/neptune/.

Lindop, Norman (1993) Richard Christopher Carrington (1826-1875) and solar physics. Project Report for M. Sc. Astronomy and Aeronautics, University of Hertfordshire, U.K.

Meadows, A. J., and Kennedy, J. E. (1982) The origin of solar-terrestrial studies. *Vistas in Astronomy* 25:419.

Rochester, G. D. (1980) The history of astronomy in the University of Durham from 1835 to 1939. *Quart. J. Roy. Astron. Soc.* 21:369.

Sabine, Edward (1852) Letter to John Herschel 16/3/52. Royal Society Herschel Archives.

Schwabe, Heinrich (1843) Solar observations during 1843. *Astronomische Nachrichten* 20, no. 495:234.

Scott, Robert Henry (1885) The history of the Kew Observatory. *Proceedings of the Royal Society of London* 39:37.

Standage, Tom (2002) *The Neptune File.* Penguin, London.

Unknown (1876) Richard Carrington obituary. *Monthly Notices of the Royal Astronomical Society* 36:137.

第5章・日夜運作的天文台

Carrington, R. C. (1855) Letter to G. B. Airy. Cambridge University Library, RGO Archive 6/235, 618-620.

——(1857) *A Catalogue of 3735 Circumpolar Stars observed at Redhill, in the years 1854, 1855, and 1856, and reduced to mean positions for 1855.* Eyre and Spottiswoode, London.

——(1857) Notice of his solar-spot observations. *Monthly Notices of the Royal Astronomical Society* 17:53.

——(1858) On the disturbance of the solar spots in latitude since the begging of the year1854. *Monthly Notices of the Royal Astronomical Society* 19:1.

——(1858) On the evidence which the observed motions of the solar spots offer for the existence of an atmosphere surroundings the Sun. *Monthly Notices of the Royal Astronomical Society* 18:169.

Cliver, Edward W. (2005) Carrington, Schwabe, and the Gold Medal. *Eos, Transactions, American Geophysical Union* 86, no. 43:413,418.

Lightman, Bernard (ed.) (1997) *Victorian Science in Context.* University of Chicago Press, Chicago.

Schwabe, H. (1856) Extract of a letter from M. Schwabe to Mr. Carrington. *Monthly Notices of the Royal Astronomical Society* 17:241.

Unkown (1856) Summary of Richard Carrington's recent tour of European observatories. *Monthly Notices of the Royal Astronomical Society* 17:43.

第6章‧‧完美太陽風暴

Burley, Jeffery, and Plenderleith, Kristina (eds.) (2005) *A History of the Radcliffe Observatory Oxford-The Biography of a Building*. Green College, Oxford.

Helfferich, Carla (1989) The rare red aurora. Alaska Science Forum (www.gi.alaska.edu/ScienceForum), Article 918.

Loomis, Elias (1869) The Aurora Borealis or Polar Light. *Harper's New Monthly Magazine* 39, No.229.

Marsh, Benjamin V. (1861) The aurora, viewed as an electric discharge between the magnetic poles of the Earth's magnetism. *American Journal of Science and Arts* (2nd series) 31, no. 93:311.

Newton, H. A. (1895) Biographical memoir of Elias Loomis, *in Biographical Memoirs*, vol. 3, p.213. National Academy of Science, Washington, D.C.

Odewald, Sten. www.solarstorms.org.

Siegel, Daniel M. (1975) Balfour Stewart, in *Dictionary of Scientific Biography*, vol. 13, p. 51. Charles Scribner's Sons, New York.

Walker, Charles V. (1861) On the magnetic storms and earth-currents. *Phil. Trans.* 151:89.

第7章‧‧受制於日

Clerke, Agnes M. (1902) *A Popular History of Astronomy during the Nineteenthe Century.* 4th edition. A. and C. Black, London.

Farber, Eduard (ed.) (1966) Bunsen's methodological legacy, in *Milestones of Modern Chemistry*, p. 15. Basic Books, New

York.

Kirchhoff, G. R. (1861) On a new proposition in the theory of heat. *Phil. Mag.* 21, Series 4: 241.

——(1861) On the chemical analysis of the solar atmosphere. *Phil. Mag.* 21, Series 4:185.

Meadows, A. J. (1984) The origins of astrophysics, in *The General History of Astronomy,* vol. 4A (ed. Owen Gingerich). Cambridge University Press, Cambridge.

Meadows, Jack (1970) *Early Solar Physics*. Pergamon Press, London.

Porter, R. (ed.) (1994) Joseph von Fraunhofer, in *The Biographical Dictionary of Scientists*. Oxford University Press, Oxford.

Rosenfeld, L. (1973) Gustav Kirchhoff, in *Dictionary of Scientific Biography*, vol.17, p.379. Charles Scribner's Sons, New York.

Schacher, Susan G. (1970) Robert Bunsen, in *Dictionary of Scientific Biography*, vol. 2, p. 586. Charles Scribner's Sons, New York.

Watson, Fred (2005) *Stargazer: The Life and Times of the Telescope*. Allen and Unwin, Melbourne.

第8章‧‧最有價值的東西

Airy, G. B. (1860) Letter to Richard Carrington. RGO Archive 6/146. 58-9.

——(1860) Account of observations of the total solar eclipse of 1860, July 18, made at Herena, near Miranda de Ebro; with a notice of the general proceedings of "The Himalaya Expedition for Observation of the Total Solar Eclipse." *Monthly Notices of the Royal Astronomical Society* 21:1.

Barnes, Melene (1973) Richard C. Carrington. *Journal of the British Astronomical Association* 83, no. 2:122.

Carrington, R. C. (1858) Information and suggestions to persons who may be able to place themselves within the shadow of the total eclipse of the Sun on 7th September, 1858. Royal Astronomical Society Pamphlets, vol. 42.

——(1859) Letter to John Herschel 13/3/59. Royal Society Herschel Archives.

——(1860) An eye-piece for the solar eclipse. *Monthly Notices of the Royal Astronomical Society* 20:189.

——(1860) Formulae for the reduction of Pastorf's observations of the solar spots. *Monthly Notices of the Royal Astronomical Society* 20,191.

——(1860) Letter to George Airy. RGO Archive 6/146, 56-7.

——(1860) Letter to John Herschel 2/5/60. Royal Society Herschel Archives.

——(1860) On some previous observations of supposed planetary bodies in transit over the Sun. Monthly Notices of the *Royal Astronomical Society* 20:192.

——(1860) Proposed new design for vertically placed divided circles. *Monthly Notices of the Royal Astronomical Society* 20:190.

——(1861) Letters to the Vice Chancellor and Senate of Cambridge University. Syndicate Papers in Cambridge University Senate Archives.

de la Rue, Warren (1862) The Bakerian Lecture: On the total solar eclipse of July 18th, 1860, observed at Rivabellosa, Near Miranda de Ebro, in Spain. *Phil. Trans.* 152:333.

Eddy, J. A. (1974) A nineteenth-century coronal transient. *Astron. & Astrophys.* vol. 34:235.

Faye, M. (1860) Total solar eclipse of July 18th, 1860. *American Journal of Science and Arts* (2nd series) 29, no. 85:136.

Hingley, Peter D. (2001) The first photographic eclipse? *Astronomy and Geophysics* 42:1.18.

Hoyt, Douglas V., and Schatten, Kenneth H. (1995) A revised listing of the number of sunspot groups made by Pastorff, 1819 to 1833. *Solar Physics* 160, no. 2:393.

Unknown (1861) Auctioneer's catalogue of sale of Redhill property. Royal Astronomical Society Pamphlets, vol. 42.

第9章．．無法越過的魔鬼障礙

Airy, George Biddle (1868) Comparison of magnetic disturbances recorded by the self-registering magnetometers at the Royal Observatory, Greenwich, with magnetic disturbance deduced from the corresponding terrestrial galvanic currents recorded by the self-registering galvanometers of the Royal Observatory. *Phil. Trans.* 158:465.

——(1870) Note on an extension of the comparison of the magnetic disturbances with magnetic effects inferred from the observed terrestrial galvanic currents on days of tranquil magnetism. *Phil. Trans.* 160:215.

——(1872) On the supposed periodicity in the elements of terrestrial magnetism, with a period of 261/3 days. *Proceedings of the Royal Society of London* 20:308.

Carrington's R. C. (1863) *Observations of the Spots on the Sun, from November* 9th *1853 to March* 24th *1861, Made at Redhill.* Williams and Norgate, London.

——(1863) On the financial state and progress of the Royal Astronomical Society, Royal Astronomical Society Pamphlets, vol. 42.

——(1865) Revenue account verses cash account-A Breeze. Royal Astronomical Society Pamphlets, vol. 42.

——(1866) Appeal on the accounts at a special meeting of the Royal Astronomical Society. Royal Astronomical Society Pamphlets, vol. 42.

Ellis, William (1906) Sun-spots and magnetism-A retrospect. *The Observatory* 29, no. 376:405.

Lanzerotti, Loius J., and Gregori, Giovanni. P (1986) *Telluric Currents: The Natural Environment and Interactions with Man-Made Systems: The Earth's Electrical Environment.* The National Academies Press, Washington D.C.

Stewart, Balfour (1864) Remarks on sun spots. *Proceedings of the Royal Society of London* 13:168.

Unknown (1871) Murderous assault, *The Hampshire Chronicle*, August 26, p.7.

——(1871) The Farnham tragedy. *The Hampshire Chronicle,* September 9, p.8.

——(1871) The tragedy near Farnham. The Hampshire Chronicle, September 2, p. 8.

——(1872) The tragedy at the Devil's Jumps, Farnham. *The Surrey Advertiser*, March 30, p. 2.

——(1875) *The Surrey Advertiser*, December 11.

——(1875) Inquests, *The Times*, December 7, p. 5.

——(1875) Inquests, *The Times*, November 22, p. 5.

Young, C. A. (1896) *The Sun* (Appleton, New York).

第10章：太陽的圖書館員

Airy, George Biddell (1874) *Testimony before the Devonshire Commission, Royal Commission on Scientific Instruction and the Advancement of Science, Minutes of Evidence, Appendices, and Analyses of Evidence*, vol. 2, Eyre and Spottiswoode, London.

Becker, Barbara J. (1993) Eclecticism, opportunism, and the evolution of a new research agenda: William and Margaret Huggins and the origins of astrophysics. Ph.D. diss., Johns Hopkins University, Baltimore. Available online: http://www.uci.edu/clients/bjbecker/huggins/.

Chapman, Allan. George Biddell Airy, F.R.S. (1801-1892): A centenary commemoration. *Notes and Records of the Royal Society of London* 46, no. 1 (1992) :103.

Forbes, E. G., Meadows, A. J., and Howse, H. D. (1975) *Greenwich Observatory: The Royal Observatory at Greenwich and Herstmonceux, 1675-1975*, volumes 1-3,. Taylor and Francis, London.

Jevons, W. S. (1878) Commercial crises and sun-spots. *Nature* 19:33.

——(1882) The solar commercial cycle. *Nature* 26:226.

——(1875) Influence of the sun-spot period on the price of the corn. *Nature* 16.

Kinder, Anthony John (2006) Edward Walter Maunder, FRAS (1851-1928). Part I-His Life & Times. In preparation.

Maunder, Annie S. D., and Maunder, E. Walter (1908) *The Heavens and Their Story*. Epworth Press, London.

Maunder, E. Walter (1900) *The Royal Greenwich Observatory: A glance at Its History and Work*. Religious Tract Society, London.

Peart, Sandra (2000) "Facts Carefully Marshalled," in the E*mpirical Studies of William Stanley Jevons*, vol. 33, p. 352 of *History of Political Economy*. Duke University Press, NC.

Porter, Theodore M. (1986) *The Rise of Statistical Thinking*. Princeton University Press, Princeton, NJ.

Soon, Willie Wei-Hock, and Yaskell, Steven H. (2004) *The maunder Minimum and the Variable Sun-Earth Connection*. World Scientific Publishing, Singapore.

Stewart, Balfour (1885) Note on a preliminary comparison between the dates of cyclonic storms in Great Britain and those if magnetic disturbances at the Kew Observatory. *Proceedings of the Royal Society of London* 38:174.

Strange, Alexander (1872) On the insufficiently of existing national observatories. *Monthly Notices of the Royal Astronomical Society* 32:238.

——(1874) *Testimony before the Devonshire Commission, Royal Commission on Scientific Instruction and the Advancement of Science, Minutes of Evidence, Appendices, and Analyses of Evidence*, volume 2. Eyre and Spottiswoode, London.

Unknown (1882) The light in he sky. *New York Times*, April 18.

White, Michael (2000) Some difficulties with sunspots and Mr. Macleod: Adding to the bibliography if W. S. Jevons. *History of Economics Review* 31.

第11章：新閃焰、新風暴、新領悟

Buchwald, Jed Z. (1976) Sir William Thompson (Baron Kelvin of Largs), in *Dictionary of Scientific Biography*, vol. 13, p. 374. Charles Scribner's Sons, New York.

Cliver, E. W. (1994) Solar Activity and geomagnetic storms: The corpuscular hypothesis. *Eos, Transactions, American Geophysical Union* 75, no. 52:609, 612-613.

——(1995) Solar activity and geomagnetic storms: From M regions and flares to coronal holes andCMEs. *Eos, Transactions, American Geophysical Union* 76, no. 8:75, 83.

Cortie, A. L. (1903) Sun-spots and terrestrial magnetism. *The Observatory* 26, no. 334:318.

Ellis, William (1880) On the Relation between the diurnal range of magnetic declination and horizontal force, as observed at the Royal Observatory, Greenwich, during the years 1841 to 1877, and the period of solar spot frequency. *Phil. Trans.* 171:541.

——(1892) On the simultaneity of magnetic variations at different places on occasions of magnetic disturbances, and on the relation between magnetic and current phenomena. *Proceedings of the Royal Society of London* 52:191.

——(1904) The auroras and magnetic disturbance. *Monthly Notices of the Royal Astronomical Society* 64:228.

Hale, George Ellery (1892) A remarkable solar disturbance. *Astron. Astrophys.* 11:611.

——(1908) On the probable existence of a magnetic field in sun-spots. *Astrophysical Journal* 28:315.

——(1931) The spectroheliscope and its work, Part III: Solar eruptions and their apparent terrestrial effects. *Astrophysical Journal* 73:379.

Kellehar, Florence M. (1997) George Ellery Hale, Yerkes Observatory Virtual Museum: astro.uchicago.edu/Yerkes/virtualmuseum/.

Maunder, E. Walter (1892) Note on the history of the great sun-spot of 1892 February. *Monthly Notices of the Royal Astronomical Society* 52:484.

——(1899) *The Indian Eclipse 1898: Report of the Expeditions Organized by the British Astronomical Association to Observe the Total Solar Eclipse of 1898, January 22*. Hazell, Watson, an Viney Ltd., London.

——(1904) Further note on the "great magnetic storms, 1875-1903, and their association with sun-spots. *Monthly Notices of the Royal Society* 64:222.

——(1904) The "great" magnetic storms, 1875 to 1903, and their association with sun-spots, as recorded at the Royal Observatory, Greenwich. *Monthly Notices of the Royal Society* 64:205.

——(1905) The solar origin of the terrestrial magnetic disturbances. *Popular Astronomy* 13, no. 2:59.

——(1906) The solar origin of terrestrial magnetic disturbances. *Journal of the British Astronomical Society* 26:140.

——(1907) Abstract of lecture delivered before the Association at the meeting held on December 19 on Greenwich sun-spot observations and some of their results. *Journal of the British Astronomical Society* 27:125.

Pang, Alex Soo Jung-Kim (2002) *Empire and the Sun: Victorian Solar Eclipse Expeditions*. Stanford University Press, Stanford, CA.

Proctor, Richard A. (1891) *Other Suns than Ours*. W. H. Allen and Co., London.

Thomson, Sir William (Lord Kelvin) (1892) Presidential address on the anniversary of the Royal Society. *Nature* 47, no. 1205:106.

Unknown (1892) Brilliant electric sight: A wonderful exhibition of northern lights. *New York Times*, February 14.

——(1904) Meeting of the Royal Astronomical Society, Friday 1904 January 8. *The Observatory* 27, no. 341:75.

——(1904) Meeting of the Royal Astronomical Society, Friday 1904 November 11. *The Observatory* 27, no. 351:423.

——(1905) Meeting of the British Astronomical Association, Wednesday 1905 February 22. *The Observatory* 28, no. 356:170.

——(1905) Meeting of the Royal Astronomical Society, Friday 1905 March 10. *The Observatory* 28, no. 356:157.

——(1905) Meeting of the Royal Astronomical Society, Friday 1905 January 13. The Observatory 28, no. 354:77.

——(1907) Death of Lord Kelvin. *The Times*, 18 December.

Warner, Deborah Jean (1974) Edward Walter Maunder, in *Dictionary of Scientific Biography*, vol. 9, p. 183. Charles Scribner's Sons, New York.

第12章：伺機而動

Dikpati, Mausumi, de Toam, Giulana, and Gilman, Peter A. (2006) Predicting the strength of solar cycle 24 using a flux-transport dynamo-based tool. *Geophys. Res. Lett.* 33:L05102.

Lovett, Richard A (2004) Dark side of the sun. *New Scientist*, 4 September, p. 44.

Odenwald, Sten (1999) Solar storms. *Washington Post*, 10 March.

Shea M. A. Smart, D. F., McCracken, K. G., Dreschhoff, G.A.M., and Spence, H. E. (2004) Solar proton events for 450 Years: The Carrington event in perspective. *Eos, Transactions, American Geophysical Union* 85, no. 17, Jt. Assem. Suppl. Abstract SH51B-04.

Tsurutani, B. T., Gonzalez, W. D., Lakhina, G. S., and Alex, S. (2003) The extreme magnetic storm of 1-2 September 1859. *J. Geophys. Res.* 108 (A7):1268, doi:10.1029/2002JA009504.

Unknown (2004) Spacecraft fleet tracks blast wave through solar system. NASA Release 04-217.

Various (2004) Solar and Heliospheric Physics, Session SH43A and SH51B at 2004, Joint Assembly of the AGU.

Wilson, John W., Cucinotta, Francis A., Jones, T. D., and Chang, C. K. (1997) Astronaut protection from solar event of August 4, 1972. NASA Technical Paper 3643.

第13章‧‧雲室

Baliunas, Sallie (1999) Why so hot? Don't blame man, blame the sun. *Wall Street Journal*, August 5.

Beer, J., Tobias, S. M., and Weiss, N. O. (1998) An active sun throughout the Maunder Minimum. *Solar Physics* 181:237.

Bingham, Robert (2006) The CLOUD proposal, private communication.

Chapman, Allan (1994) Edmond Halley's use of historical evidence in the advancement of science. *Notes and Records of the Royal Society of London* 48, no. 2:167.

Eddy, Jack (1977) The case of the missing sunspots. *Scientific American*, May, p. 80.

——(1976) The Maunder Minimum. *Science* 193, no. 4245:1189.

——(1980) Climate and the role of the sun. *Journal of Interdisciplinary History* 10, no. 4:725.

Fastrup, B., Pedersen, E., and 54 others (2000) A study of the link between cosmic ray and clouds with a cloud chamber at the CERN PS.CERN/SPSC 2000-021 SPSC/P317.

Feldman, Theodore S. (year unknown) Solar variability and climate change: A Historical overview. Available online at: http://www.agu.org/history/SV.shtml.

Halley, Edmond (1715) An account of the late surprising appearance of the lights seen in the air, on the sixth of March last. *Phil. Trans*. 29:406.

——(1719) An account of the phenomena of a very extraordinary aurora borealis, seen at London on November 10, 1719. Phil. Trans. 30:1099.

Maunder, E. Walter (1890) Professor Spoerer's researches on sun-spots. *Monthly Notices of the Royal Astronomical Society* 50:251.

——(1922) The prolonged sunspot minimum 1645-1715. *Journal of the British Astronomical Society* 32:140.

McKee, Maggie (2004) Sunspots more active than for 8000 years. New Scientist.com, posted 27 October.

Pustilnik, Lev A., and Yom Din, Gregory (2003) Influence of solar activity on state of wheat market in medieval England. *Proceedings of Information Cosmic Ray Conference 2003*. Available online at xxx.lanl.gov/abs/astro-ph/0312244.

Solanki, S. K., Usoskin, I. G., Kromer, B., Schussler, M., and Beeer, J. (2004) Unusal activity on the Sun during recent decades compared to the previous 11,000 years. *Nature* 431:1084.

Svensmark, Henrik, and Friis-Christensen, Eigil (1997) Variation of cosmic ray flux and global cloud coverage-a missing link in solar climate relationships. *Journal of Atmospheric and Solar-Terrestrial Physics* 59, no. 11:1225.

Tinsley, Brian A. (2005) Evidence for space weather affecting tropospheric weather and climate. 2nd Symposium on Space Weather, San Diego.

Weart, Spencer (1999) Interview with Jack Eddy, April 21, 1999. Available online at http://www.agu.org/history/sv/solar/index.shtml.

尾聲：磁星的春天

Inan, U., Lehitnen, N., Moore, R., Hurley, K., Boggs, S., Smith, D., and Fishman, G. J. (2005) Massive disturbance of the daytime lower ionosphere by the giant X-ray flare from Magnetar SGR 1806-2-. Abstract IAGA2005-A-00844. Available at www.cosis.net.

Soloman, Robert C. (2003) "Magnetars," soft gamma ray repeats and very strong magnetic fields. Published online at solomon.as.utexas.edu/~duncan/magnetar.html.

萬象考 RE10

太陽風暴

作　　者　史都華・克拉克（Stuart Clark）
譯　　者　嚴麗娟
發 行 人　楊榮川
總 編 輯　王翠華
主　　編　王者香
文字編輯　程亭瑜
封面設計　郭佳慈
出 版 者　五南圖書出版股份有限公司
地　　址　106台北市大安區和平東路二段339號4樓
電　　話　(02)2705-5066
傳　　真　(02)2706-6100
網　　址　http://www.wunan.com.tw
電子郵件　wunan@wunan.com.tw
劃撥帳號　01068953
戶　　名　五南圖書出版股份有限公司
法律顧問　林勝安律師事務所 林勝安律師
出版日期　2010年 1 月初版一刷
　　　　　2015年11月初版二刷
定　　價　新臺幣280元

國家圖書館出版品預行編目資料

太陽風暴／史都華・克拉克(Stuart Clark)著 ；嚴麗娟譯. -- 初版. -- 臺北市 ： 五南, 2010.01
面； 公分
參考書目：面
譯自：The sun kings: the unexpected tragedy of Richard Carrington and the tale of how modern astronomy began
ISBN 978-986-6614-54-5（平裝）
1.天文學 2.科學家 3.傳記 4.太陽 5.英國
320.9941　　98022115